海上衝突予防法

11訂版

藤本昌志　著

成 山 堂 書 店

まえがき

　海洋は，古くから船舶の交通路として利用されており，様々な船舶が頻繁に往来しています。これらの船舶航行の安全確保のため，国際的に統一された海上交通法規が必要になり，海上における船舶間の衝突予防のための国際的な共通規則として近代的な法典の形式を備えたものが，1889年の国際海上衝突予防規則です。その後，1914年，1948年には，時代に即して規則が作成されましたが，これらは発効しませんでした。1960年にロンドンにおいて，政府間海事協議機構（IMCO，現 国際海事機関：IMO）において，1960年国際海上衝突予防規則が採択されました。その後，海上交通の増大，船舶の大型化及び高速化，航海計器の発達などにより，それらに対応するべく，1972年に IMCO において，「1972年の海上における衝突の予防のための国際規則に関する条約」が採択され，1977年 7 月15日に発効しました。

　日本においても，古くは慣習法，室町時代以降は，廻船式目や海路諸法度等が制定されました。明治時代において，近代的汽船の航行に対応するため，英国法を範として明治 3 年郵船商船規則，同 5 年船灯規則，同 7 年海上衝突予防規則が制定されました。日本における当初の海上衝突予防法は，1889年規則に準拠した明治25年の海上衝突予防法です。その後，1948年，1960年の国際規則に対応するため，昭和28年及び39年に当該規則の内容を盛り込み海上衝突予防法が改正されました。現 海上衝突予防法は，1972年の国際規則を国内法化したもので，従来の海上衝突予防法（昭和28年法律151号）を全面改正し，昭和52年 6 月 1 日に公布，同年 7 月15日に施行されています。以後，1983年分離通航方式に関する改正，1989年喫水制限船の定義等の改正，1995年漁ろう船の灯火等の改正，2003年表面効果翼船（WIG）の新設，2007年に遭難信号の改正がなされています。これらの改正に合わせるように日本の海上衝突予防法も改正されています。

　海上衝突予防法は，上記に示すように年々，船舶交通の安全をより一層確保

するための改正が実施されており，海上衝突予防法の重要性は増々大きくなっています。船舶を運航する者は，海上衝突予防法を正しく理解し，法令を遵守することが求められています。本書は海上衝突予防法を理解し易いように，多くの図を活用して，特に航法規定に関連する部分には多くのページを割きました。

　本書が海上交通法の理解の一助となり，海上衝突予防法の目的である船舶の衝突予防が図られることとなれば幸いです。本書の出版にあたり，惜しみない助言を頂きました成山堂書店小川典子社長に心より感謝申し上げます。

2019年1月

藤　本　昌　志

11訂版発行にあたって

　11訂版は，2019（平成31）年に発行した10訂版を基に，以下のような改訂事項を加えました。
・バーチャル AIS シンボルマークの解説
・第10条　分離通航方式の解説

　本書は，海上交通の基本中の基本である衝突予防のための規則の理解を深め易いように，図及び記述に努めました。今後，自律運航船の出現と既存の有人運航船舶との混在が予想されるなか，船舶の衝突予防に関して海上衝突予防法の重要性は更に大きくなっています。本書が海上衝突予防法の理解を助ける一助となれば幸いです。

2020年10月

藤　本　昌　志

参 考 文 献

・A.N.COCKCROFT, J.N.F.LAMEIJER（2011），A GUIDE TO THE COLLISION AVOID-ANCE RULES　7th EDITION, Oxford, UK : Butterworth-Heinemann

・Simon Gault（General Editor），Steven Haziewood（General Editor），Andrew Tetten-born（Editor），Stephen D. Girvin（Editor），Edward Cole（Editor），Thomas Macey-Dare（Editor），Maureen O'Brien（Editor）（2016），BRTISH SHIPPING LAWS Marsden and Gault on Collisions at Sea Fourteenth Edition, CHAPTER 5 REGULATION FOR PREVENTING COLLISION AT SEA, pp.123-320, London, UK : Sweet & Maxwell

・藤崎道好　訳，「1972年国際海上衝突予防規則の解説　三版」，成山堂書店，昭和52年8月8日

・松井孝之，赤地　茂，久古弘幸　共訳，「1972年国際海上衝突予防規則の解説　第7版」，成山堂書店，平成29年12月8日

・海上保安庁交通部安全課　監修，「海上衝突予防法100問100答　2訂版」，成山堂書店，平成19年3月28日

・海上保安庁交通部航行安全課　監修，「図解　海上衝突予防法　9訂版」，成山堂書店，平成26年6月28日

・国土交通省海事局，海上保安庁，伊豆大島西方沖の推薦航路
http://www.mlit.go.jp/common/001175475.pdf　2018年8月7日

・Shoji FUJIMOTO, Shun SAKUMA, Kohei HIRONO, Tomohisa NISHIMURA, Matthew ROOKS and Hiroshi SEKINE（2019），"Proposal of Auxiliary Stern Light and The Effect of the Auxiliary Stern Light for Estimating the Course of Another Vessel in an Overtaking Situation" The Transaction of Navigation vol.4 No.1 pp.1-9

・IMO（2017），SHIPS' ROUTEING 2017 EDITION, London, UK

・Shoji FUJIMOTO, Yuma TAKI, Tomohisa NISHIMURA, Matthew ROOKS, Tamaki IWANAGA and Hiroshi SEKINE（2019），"The Issue of the Masthead Lights View of Ultra Large Container Vessel from Another Vessel" The Transaction of Navigation vol.4 No.2 pp.59-68

・Shoji FUJIMOTO, Akari KONDO, Masaki FUCHI, Tsukasa KONISHI, Hiroyuki MA-TSUMOTO and Tomohisa NISHIMURA（2017），"Judging vessel Courses via the Hori-zontal Distance Between Two Masthead Lights" The Transaction of Navigation vol.2 No.1 pp.1-13

・藤本昌志，「小型船舶の衝突海難防止のための特別規定に関する提言」，海事交通研究第63集　pp.63-72　2014年

凡　　例

1.　本書で使用した法令名は次の例による。
　　本　法……海上衝突予防法（昭和52年法律第62号）
　　規　則……海上衝突予防法施行規則（昭和52年運輸省令第19号）
　　1972年国際海上衝突予防規則……1972年の海上における衝突の予防のため
　　　　　　　　の国際規則に関する条約
2.　本書では，第3章（灯火及び形象物）とそれ以外の部分の解説とでは，
　　若干構成を異にしているが，これは読者の理解しやすいように配慮したた
　　めである。
3.　本書を利用するに当たっては，『最新海上交通三法及び関係法令』（成山
　　堂書店発行）等を参照されたい。

目　　次

■第4章　音響信号及び発光信号

■第5章　補　　則

付　　録

概　　要

　本法は，5章42条で構成されており，第1章（第1条から第3条）は，目的，適用船舶及び用語の意味についての規定である。

　第2章（第4条から第19条）は，航法についての規定である。航法の実施に当たっては，視界の状態が重要な要素を占めることとなるので，第1節（第4条から第10条）あらゆる視界の状態における船舶の航法（航行規則：sailing rules），第2節（第11条から第18条）互いに他の船舶の視野の内にある船舶の航法（操船規則：steering rules），第3節（第19条）視界制限状態における船舶の航法（航行規則：sailing rules）の3節で構成されている。

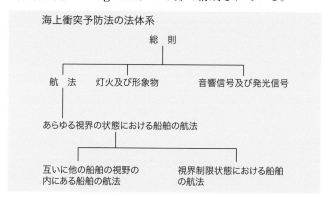

　「航行規則」とは，その時の視界の状況にかかわらず，かつ，衝突のおそれの有無に関係なく，航行の方法等を規定したものである。一方，「操船規則」は，互いに他の船舶の視界の内にある状態において互いに接近し，衝突のおそれのある場合に，その衝突のおそれを避けるための方法等を規定したものである。「航行規則」は「操船規則」に対しての先行規則である。

　第3章（第20条〜第31条）は，航法を遵守するための補助手段の一つである灯火及び形象物について，船舶の種類及び航行等の形態毎に規定したものである。

第4章（第32条～第37条）は，もう一つの補助手段としての音響信号及び発光信号について，船舶の挙動及びその置かれている状態毎に規定している。

　第5章（第38条～第42条）は，切迫した危険な状態における特例，注意を怠ることについての責任，他の法令等との関係について，補則として規定している。

第1章 総 則

第1条 目 的

> **第1条** この法律は，1972年の海上における衝突の予防のための国際規則に関する条約に添付されている1972年の海上における衝突の予防のための国際規則の規定に準拠して，船舶の遵守すべき航法，表示すべき灯火及び形象物並びに行うべき信号に関し必要な事項を定めることにより，海上における船舶の衝突を予防し，もって船舶交通の安全を図ることを目的とする。

立法趣旨

　航法について，視界の状態毎に，灯火・形象物について船舶の種類及び状態毎に，また行うべき信号について，それぞれ規定し，海上における船舶間の衝突を予防し，船舶交通の安全を図るもの。

解説 **1** 本法は，1972年の海上における衝突の予防のための国際規則（以下，「1972年国際海上衝突予防規則」という。）の規定に準拠しているが，国内法としての立法方式への適合等を考慮して必要最小限度の条文構成等について，1972年国際海上衝突予防規則とは異なっている。
2 国際航海に従事する船舶を運航する者は，1972年国際海上衝突予防規則（付録）を参照して，違いについて理解しておく必要がある。

第2条 適用船舶

> 第2条 この法律は，海洋及びこれに接続する航洋船が航行することができる水域の水上にある次条第1項に規定する船舶について適用する。

🔍 立法趣旨

本法の適用海域および適用船舶について，明確にしたもの。

解説 **1** 本法は，航洋船の航行できる海洋及びこれと接続する水域において適用される。したがって，海洋はもちろん，河川，湖沼等であっても，航洋船が海洋から連続して航行できる水域には，本法の適用がある。航洋船とは，相当距離の沖合まで常態的に航行できる船舶のことであり，ろかい舟のような軽舟は含まれない。航洋船か否かの判断は，適用水域の判断にのみ用いられる。

2 我が国の領海内であれば，日本船籍の船舶に限らず，外国船籍の船舶にも本法が適用される。一方，公海上においては，日本船籍の船舶には本法が，外国船籍の船舶との関係では「1972年国際海上衝突予防規則」が適用される。

3 東京湾，伊勢湾及び瀬戸内海の船舶のふくそうする海域については，海上交通安全法（昭和47年法律第115号），港域については港則法（昭和23年法律第174号）によって特別法が定められており，特別法が優先して適用される。特別法に規定されていない場合は，海上交通規則の基本法である本法が適用される。

4 本法は，水上にあるすべての船舶（水上航空機を含む。）について，適用される。本法の適用され

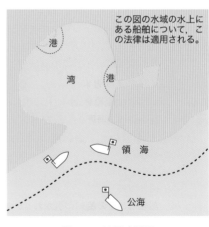

図 1-1　適用水域図

る水域であれば，数十万トンの巨大船から小さなろかい舟に至るまで，また，公船と私船との区別なく，平時における軍艦についても適用される。ただし，離水後の水上航空機，潜水中の潜水艦（潜水艇）には適用されない。

■ 第3条　定　　義

第3条　この法律において「船舶」とは，水上輸送の用に供する船舟類（水上航空機を含む。）をいう。

2　この法律において「動力船」とは，機関を用いて推進する船舶（機関のほか帆を用いて推進する船舶であって帆のみを用いて推進しているものを除く。）をいう。

3　この法律において「帆船」とは，帆のみを用いて推進する船舶及び機関のほか帆を用いて推進する船舶であって帆のみを用いて推進しているものをいう。

4　この法律において「漁ろうに従事している船舶」とは，船舶の操縦性能を制限する網，なわその他の漁具を用いて漁ろうをしている船舶（操縦性能制限船に該当するものを除く。）をいう。

5　この法律において「水上航空機」とは，水上を移動することができる航空機をいい，「水上航空機等」とは，水上航空機及び特殊高速船（第23条第3項に規定する特殊高速船をいう。）をいう。

6　この法律において「運転不自由船」とは，船舶の操縦性能を制限する故障その他の異常な事態が生じているため他の船舶の進路を避けることができない船舶をいう。

7　この法律において「操縦性能制限船」とは，次に掲げる作業その他の船舶の操縦性能を制限する作業に従事しているため他の船舶の進路を避けることができない船舶をいう。

(1)　航路標識，海底電線又は海底パイプラインの敷設，保守又は引揚げ

(2)　しゅんせつ，測量その他の水中作業

(3)　航行中における補給，人の移乗又は貨物の積替え

(4)　航空機の発着作業

(5)　掃海作業

(6)　船舶及びその船舶に引かれている船舶その他の物件がその進路から離れることを著しく制限するえい航作業

8　この法律において「喫水制限船」とは，船舶の喫水と水深との関係により
その進路から離れることが著しく制限されている動力船をいう。

9　この法律において「航行中」とは，船舶がびょう泊（係船浮標又はびょう
泊をしている船舶にする係留を含む。以下同じ。）をし，陸岸に係留をし，
又は乗り揚げていない状態をいう。

10　この法律において「長さ」とは，船舶の全長をいう。

11　この法律において「互いに他の船舶の視野の内にある」とは，船舶が互い
に視覚によって他の船舶を見ることができる状態にあることをいう。

12　この法律において「視界制限状態」とは，霧，もや，降雪，暴風雨，砂あ
らしその他これらに類する事由により視界が制限されている状態をいう。

立法趣旨

本法における用語の定義を明確に規定したもの。

解説　**1**　「船舶」とは，水上輸送の手段として用いられているか，用いら
れている可能性のある船舟類を意味し，水上航空機も含まれるが，移動可能
な海底資源掘削リグ等は含まれない。船舟類とは，船舶の種類，大きさ，推
進方法，使用形態等にかかわらず全ての船舟及びこれらに類するもののこと
である。

2　「動力船」とは，機関を用いて推進する船舶（帆のみを用いて推進してい
る機付帆船を除く）のことである。また，機関の種類については特に規定が
ないので，あらゆる推進装置が該当する。水上航空機及び特殊高速船につい
ても，水上にある場合は「動力船」として扱われる。

3　「帆船」とは，帆のみを用いて推進している船舶及び帆のみを用いて推進
している機付帆船のことである。

表1-1　「機付帆船」の運航形態による判別

帆の使用	機関の使用	判別
○	○	動力船
×	○	
×	×	
○	×	帆船

4　「漁ろうに従事している船舶」
とは，底引き網，はえなわ，流
し網，トロール等の網，なわを
用いて操業している船舶のこと
である。また，上記以外の「船
舶の操縦性能を制限する漁具」
を用いて操業している船舶も含
まれる。ここでいう「船舶の操
縦性能を制限する」とは，船舶
の針路・速力を変更する能力が
他の船舶の進路を避けることが
困難な程度に低下していること
である。

5　「水上航空機」とは，水上を
移動することができる航空機の
ことである。

6　「水上航空機等」とは，「水上
航空機」と「特殊高速船（規則
第21条の2：表面効果翼船）」
のことである。

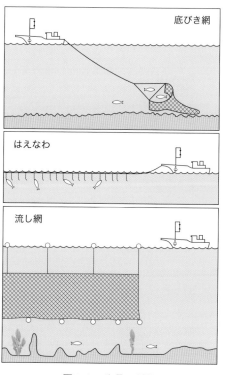

図1-2　漁具の種類

　規則第21条の2
　法第23条第3項の国土交通省令で定める動力船は，離水若しくは着水に係る滑走又
　は水面に接近して飛行している状態（法第3条第5項，第31条及び第41条第2項に
　おいて適用する場合を除く。）の表面効果翼船（前進する船体の下方を通過する空
　気の圧力の反作用により水面から浮揚した状態で移動することができる動力船をい
　う。）とする。

7　「運転不自由船」とは，船舶の操縦性能を制限する故障その他の異常な事
態が生じているため他の船舶の進路を避けることができない船舶のことであ
る。自船が「運転不自由船」か否かの判断は，船長に委ねられている。

8　「操縦性能制限船」とは，船舶の操縦性能を制限する工事・作業を行って
いるため，他の船舶の進路を避けることができない船舶のことである。具体
的には，第3条第7項に列挙されている作業及び他の船舶の進路を避けられ
ない程度に船舶の操縦性能が制限されている作業（例えば，石油掘削作業

等）に従事している場合も該当する。

9　「喫水制限船」とは，船舶の喫水と水深との関係によりその進路から離れることが著しく制限されている動力船のことである。自船が「喫水制限船」か否かの判断は，船長に委ねられている。「喫水制限船」に該当するか否かの判断には，水深のみではなく，可航幅も考慮しなければならない。1972年国際海上衝突予防規則 Rule 3(h)には，水深と幅の記載がある。

　喫水制限船か否かの判断には，海図上の水深精度，潮汐及び余裕水深（UKC：Under Keel Clearance）等と自船の喫水を考慮する必要がある。また，実際の運航状態では，船体沈下（Squat），船体横傾斜（Heel），波浪による船体縦揺れ（Pitching and/or wave response）を考慮した動的要因を考慮した余裕水深で検討する必要がある。

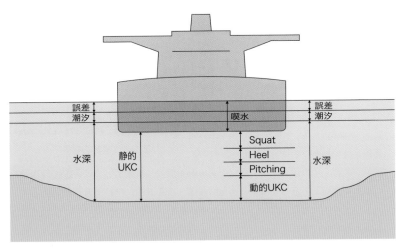

図1-3　喫水と水深の関係

表1-2　水深に関する考慮について（静的状態の例）

項目	数値
紙海図上の水深又はECDISのENC上のMinimum depth	7.5m
水深の精度又はCATAZOC	CATZOC "B" = 1.00 + 2% depth m = 1.00 + 0.15 = 1.15m
計算上の水深	7.5 ± 1.15 6.35m（shallowest）～8.65m（deepest）
潮汐の考慮	+ 0.8m
最終的な計算上の水深	6.35m（shallowest）+ 0.8m～8.65m（deepest）+ 0.8m 7.15m（shallowest）～9.45m（deepest）

表1-3　日本版紙海図における水深の精度（編集上の誤差）

水深	精度
水深21m未満	0.1m単位で記載，0.1m未満は切り捨て
水深21m以上30m未満	0.5m単位で記載，0.5m未満は切り捨て
水深30m以上	1m単位で記載，1m未満は切り捨て

表1-4　電子海図における水深の信頼度：CATZOC（Category of Zone of Confidence）

1 ZOC	2 Position Accuracy	3 Depth Accuracy		4 Seafloor Coverage	5 Typical Survey Characteristics	6 CATZOC Symbol
A1	+/- 5 m	=0.50 + 1%d Depth (m) / 10 / 30 / 100 / 1000	Accuracy (m) +/-0.6 / +/-0.8 / +/-1.5 / +/-10.5	Full areas search undertaken. Significant seafloor features detected and depths measured.	Controlled systematic survey high position and depth accuracy achieved using DGPS or a minimum three high quality lines of position (LOP) ad a multibeam, channel or mechanical sweep system.	
A2	+/- 20 m	= 1.00 + 2%d Depth (m) / 10 / 30 / 100 / 1000	Accuracy (m) +/-1.2 / +/-1.6 / +/-3.0 / +/-21.0	Full area search undertaken. Significant seafloor features detected and depths measured.	Controlled systematic survey achieving position and depth accuracy less than COZ A1 and using a modern survey echosounder and a asonar or mechnical sweep system.	
B	+/- 50 m	= 1.00 + 2%d Depth (m) / 10 / 30 / 100 / 1000	Accuracy (m) +/-1.2 / +/-1.6 / +/-3.0 / +/-21.0	Full area search not achieved; uncharted featured, hazardous tosurface navigation are not expected but may exist.	Controlled systematic survey achieving similar depth but lesser ZOC A2, using a modern survey echosounder, but no sonar or mechanical sweep system.	
C	+/- 500 m	= 2.00 + 5%d Depth (m) / 10 / 30 / 100 / 1000	Accuracy (m) +/-2.5 / +/-3.5 / +/-7.0 / +/-52.0	Full area search not achieved, depth anomalies may be expected.	Low accuracy survey or data collected on an opportunity basis such as soundings on passage.	
D	Worse Than ZOC C	Worse Than ZOC C		Full area search not achieved, large depth anomalies may be expected.	Poor quality data or data that cannot be quality assessed due to lack of information.	
U	Unassessed - The quality of the bathymetric data has yet to be assessed.					

出典：admiralty.co.uk

10　「航行中」とは，船舶がびょう泊し，岸壁に係留し，又は乗り揚げていない状態であり，船舶が自由に水域を移動できる状態をいい，対水速力及び対地速力の有無は関係ない。「びょう泊」とは，いかりにより直接又は間接に海底に係駐されている状態をいう。「係留」とは，直接又は間接に陸岸に係留されている状態をいう。

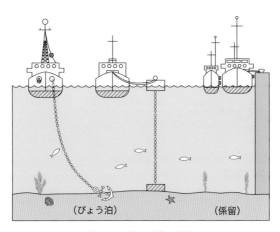

（びょう泊）　　　（係留）

図1-4　びょう泊，係留

11　「長さ」とは，船舶の全長をいう。

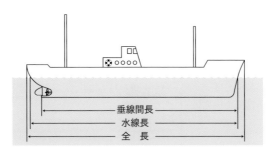

垂線間長
水線長
全　長

○ 全　　長：最前端から最後端までの水平距離
○ 水 線 長：満載喫水線における船首前面から船尾後面までの水平距離
○ 垂線間長：満載喫水線における船首前面から船尾舵柱の後縁までの水平距離

図1-5　船舶の長さ

12　「互いに他の船舶の視野の内にある」とは，2隻の船舶の相互間で，それらの船舶の見張り員または当直者が互いに視覚つまり「目視」によって他の船舶の存在を知ることができる状態にある場合をいう。双眼鏡の使用により他の船舶の存在を知る場合も，「視野の内にある」場合に該当する。

13　「視界制限状態」とは，霧，もや，降雪，暴風雨，砂あらしにより視界が制限されている状態をいう。「その他これらに類する事由」には，波浪による著しい波しぶき，船舶又は工場等からのばい煙等が含まれる。

　「視界が制限されている」程度については，条文上に明確に規定されていない。霧，もや，降雪など視界を制限する現象は，それぞれ濃淡，強弱があることから，具体的にどの程度，視界が制限された場合に「視界制限状態」になるかは，船舶の大小，船舶のふくそう状態，水域の広狭等を考慮して決定されるものである。

表1-5　視程階級表

階　　級	最大可視距離	説　　　　　明
0	50 m 未満	Dense fog
1	50〜200 m	Thick fog
2	200〜500 m	Fog
3	500〜1000 m	Moderate fog
4	1〜2 km	Thin fog or mist
5	2〜4 km	Visibility poor
6	4〜10 km	Visibility moderate
7	10〜20 km	Visibility good
8	20〜50 km	Visibility very good
9	50 km 以上	Visibility exceptional

出典：気象庁　視程階級表

　視界制限状態とは，通常の船型を想定した場合には，視程が1海里〜2海里程度以下になった時と考えられる。

第2章 航　　法

　第2章の「航法」に関する規定は，第1節「あらゆる視界の状態における船舶の航法」，第2節「互いに他の船舶の視野の内にある船舶の航法」，第3節「視界制限状態における船舶の航法」の3節に分け，船舶の運航は，視界の状態が重要な要素であるので，その視界の状態に応じて航法規定を整理している。

第1節　あらゆる視界の状態における船舶の航法（航行規則）

■ 第4条　適 用 船 舶

> **第4条**　この節の規定は，あらゆる視界の状態における船舶について適用する。

🔍 立法趣旨

　第1節の「あらゆる視界の状態における船舶の航法」の規定が，航法の原則的事項であることを明確にしたもの。

解説　**1**　あらゆる視界及び海域における一般原則である第5条「見張り」，第6条「安全な速力」，第7条「衝突のおそれ」，第8条「衝突を避けるための動作」などの重要な事項が規定されている。
2　さらに，船舶交通がふくそうする特定の海域における特別の航法として，第9条「狭い水道等」，第10条「分離通航方式」が規定されている。

第5条　見　張　り

> **第5条**　船舶は，周囲の状況及び他の船舶との衝突のおそれについて十分に判断することができるように，視覚，聴覚及びその時の状況に適した他のすべての手段により，常時適切な見張りをしなければならない。

立法趣旨

　船舶運航の安全を確保するためには，「見張り」が極めて重要であることから，見張りの目的，手段を明らかにするとともに，常時適切な見張りをしなければならないことを明確にしたものである。

解説　**1**　「適切な見張り」とは

　視界の状況，水域の広狭，船舶のふくそう状況，自船の装備する航海計器，船舶の大小，気象・海象等を考慮して総合的に判断しなければならない。

2　見張り員としての要件
・適切な身体特性を有する者
・相当の知識と経験を有する者
・適切な報告ができる者
・危険性の予測ができる者
・持続する業務に耐えることができる者

3　適切な見張りを行うための要件
・見張り員として，適切な資質を有している者を見張り業務に就かせること
・見張り業務に，専従させること
・全周囲にわたって見張りを行うこと
・その時の状況により適切な位置に見張り員を配置すること
・その時の状況に適したすべての手段を使用して見張りを行うこと（レーダーの使用（ARPAを含む），陸上施設からの情報（ハーバーレーダー局，海上交通センター等），VHF，AIS等）
・船内の騒音を少なくすること
・操船者に的確に報告すること（相手船等の方位，距離，方位変化等）

・見張り員の適度の交代

・航行中のみならず，びょう泊中も行うこと

4　見張りに関する注意事項

・双眼鏡を使用し，早期に確認する

・見張り員からの報告事項を当直責任者は確認し，適切な処置をとること

・当直交代前後は，見張りの空白が生じやすいので要注意

・当直者は全員が見張りに関し，チームワークを形成し，見張りの空白を防ぐこと（BRM・BTM：Bridge resource management・Bridge team management）

・報告は早めに行うこと

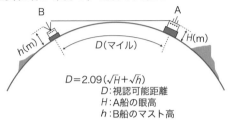

$$D=2.09(\sqrt{H}+\sqrt{h})$$

D：視認可能距離
H：A船の眼高
h：B船のマスト高

視界が良好な昼,視覚により適切な見張りを行うと相当遠方からでも他船を発見することができる。

図 2-1　視認可能距離

第6条　安全な速力

第6条　船舶は，他の船舶との衝突を避けるための適切かつ有効な動作をとること又はその時の状況に適した距離で停止することができるように，常時安全な速力で航行しなければならない。この場合において，その速力の決定に当たっては，特に次に掲げる事項（レーダーを使用していない船舶にあっては，第1号から第6号までに掲げる事項）を考慮しなければならない。

(1)　視界の状態

(2)　船舶交通のふくそうの状況

(3)　自船の停止距離，旋回性能その他の操縦性能

(4)　夜間における陸岸の灯火，自船の灯火の反射等による灯火の存在

(5)　風，海面及び海潮流の状態並びに航路障害物に接近した状態

(6)　自船の喫水と水深との関係

(7)　自船のレーダーの特性，性能及び探知能力の限界

(8)　使用しているレーダーレンジによる制約

(9)　海象，気象その他の干渉原因がレーダーによる探知に与える影響

(10)　適切なレーダーレンジでレーダーを使用する場合においても小型船舶及

び氷塊その他の漂流物を探知することができないときがあること。
(11)　レーダーにより探知した船舶の数，位置及び動向
(12)　自船と付近にある船舶その他の物件との距離をレーダーで測定することにより視界の状態を正確に把握することができる場合があること。

立法趣旨

　船舶の運航上，他の船舶との衝突を避けるための重要な要素は，船舶の航行速力である。その速力について，常時安全な速力での航行を義務付け，その決定に当たって考慮すべき事項を規定したもの。

解説　**1**　「安全な速力」とは

　自船の積載状態，操縦性能，視界，周囲の状況（他の船舶のふくそう状況，水域の広狭等），および気象・海象等の状況を勘案し，どのような事態に遭遇したとしても，他船と衝突を引き起こさないように，適切かつ有効な動作がとれ，また，その時の状況に適した距離で停止できる速力である。よって，自船の性能や周囲の状況により異なり，画一的な基準はなく，種々の要素を総合的に判断して決定されるものである。

　また，すべての船舶に対して，常時「安全な速力」で航行を義務付けているので，特に喫水制限船，操縦性能制限船についても適用される点に注意しなければならない。

2　「適切かつ有効な動作」とは

　衝突を避けるための針路または速力の変更，操船信号等の実施等の諸動作を，通常の経験のある船舶の運航者からみて，実施できる程度に合理的に行える動作のことである。

　「適切かつ有効な動作」と自船の速力の関係は非常に重要である。避航動作には，針路の変更，機関の使用による速力の変更及び両者を合わせた方法が一般的である。これらの動作が有効なものであるためには，時間的，距離的に十分な余裕が必要であるので，自船の速力が大きく関係する。例えば，大型船舶において，あまりもの低速で航行することは舵効きが悪くなり，針路の変更のみによる短時間での避航は困難であり，行きあし（速力）を止めるか，機関出力を上げて舵効きを良くする等の動作が必要になる。いずれにせよ，避航動作をとるうえでは，自船の速力を十分に考慮したうえで，時間

的，距離的に十分に余裕のある時期に適切な動作をとらなければならない。

３　「その時の状況に適した距離」とは

　他の船舶との衝突を避けるために機関を逆転する等して，行きあし（速力）を止める場合，自船の操縦性能や周囲の状況等を考慮して，時間的，距離的に十分に余裕のある時期に，最もふさわしい距離で停止できることである。

表 2-1　旋回径及び逆転停止距離（例）

船種		全長・幅	主機出力	Full Sea Speed		Time and Distance to Stop	
				Max. advance 最大縦距	Max. transfer 最大横距	Full Sea Speed	S/B Full
Bulker	4,800 DWT	93.33 m 15.61 m	2648 kW (3600 PS)	339 m	308 m	12.8 kt 4.4 min 898 m	9.4 kt 3.1 min 446 m
	10,000 DWT	113.33 m 19.40 m	3884 kW (5281 PS)	441 m	399 m	13.6 kt 5.2 min 1079 m	9.6 kt 3.8 min 563 m
	16,000 DWT	137.03 m 23.00 m	4560 kW (6200 PS)	502 m	473 m	13.8 kt 6.6 min 1410 m	9.8 kt 4.8 min 705 m
	37,000 DWT	185.00 m 28.40 m	5884 kW (8000 PS)	600 m	503 m	15.2 kt 12.5 min 2885 m	11.4 kt 9.1 min 1527 m
	40,000 DWT	187.09 m 32.26 m	5584 kW (7600 PS)	664 m	642 m	14.8 kt 14.2 min 2832 m	10.7 kt 11.0 min 1636 m
	46,000 DWT	200.00 m 32.20 m	8800 kW (11965 PS)	778 m	789 m	14.8 kt 10.7 min 2205 m	11.5 kt 8.5 min 1382 m
	50,000 DWT	190.00 m 32.26 m	7686 kW (10540 PS)	671 m	659 m	14.5 kt 11.8 min 2630 m	10.5 kt 8.3 min 1271 m
	54,000 DWT	209.00 m 32.20 m	9700 kW (13188 PS)	700 m	698 m	14.8 kt 9.8 min 1994 m	10.5 kt 8.4 min 1282 m
	88,000 DWT	249.90 m 43.00 m	9857 kW (13402 PS)	672 m	718 m	14.0 kt 14.1 min 2960 m	10.8 kt 10.9 min 1653 m
Container	350 TEU 5000 DWT	98.68 m 16.90 m	3570 kW (4854 PS)	284 m	223 m	15.6 kt 4.0 min 981 m	11.5 kt 2.8 min 471 m
	580 TEU 8000 DWT	127.51 m 20.01 m	3340 kW (4541 PS)	397 m	336 m	15.6 kt 6.2 min 1574 m	11.2 kt 4.1 min 774 m
	1000 TEU 14000 DWT	147.87 m 23.25 m	7890 kW (10727 PS)	444 m	375 m	19.8 kt 6.1 min 1901 m	11.2 kt 3.0 min 491 m
	9100 TEU 113900 DWT	349.80 m 45.80 m	68536 kW (93183 PS)	997 m	1068 m	25.4 kt 11.1 min 4970 m	18.4 kt 7.8 min 2785 m
General Cargo	1000 GT 3000 DWT	87.54 m 13.00 m	2200 kW (3072 PS)	295 m	322 m	12.2 kt 3.6 min 654 m	9.2 kt 3.1 min 441 m
	5000 GT 7100 DWT	105.50 m 16.80 m	2940 kW (3997 PS)	439 m	535 m	12.2 kt 7.4 min 1329 m	8.8 kt 5.3 min 666 m
PCC	1500 cars 9000 DWT	155.00 m 23.60 m	10738 kW (14600 PS)	541 m	668 m	22.0 kt 5.5 min 1899 m	12.0 kt 2.5 min 773 m
	4000 cars 27000 DWT	180.00 m 32.20 m	13000 kW (17433 PS)	675 m	689 m	19.0 kt 10.7 min 3252 m	12.5 kt 7.9 min 1884 m
Tanker	LPG 75000m³ 70000 DWT	225.00 m 32.20 m	12360 kW (16805 PS)	1008 m	1202 m	16.5 kt 10.8 min 2735 m	11.8 kt 7.4 min 1240 m
	LNG 2500 m³ 1800 DWT	89.20 m 15.30 m	2700 kW (3671 PS)	252 m	222 m	13.3 kt 5.1 min 793 m	8.0 kt 4.1 min 466 m
	LNG125000m³ 67200 DWT	283.00 m 44.50 m	29420 kW (40000 PS)	702 m	716 m	19.3 kt 13.1 min 3306 m	11.4 kt 10.5 min 1851 m

70000 DWT	230.00 m 32.20 m	7848 kW (10670 PS)	720 m	718 m	14.0 kt 13.1 min 2895 m	9.8 kt 8.6 min 1215 m
300000 DWT	333.00 m 60.00 m	27214 kW (37001 PS)	1222 m	1093 m	15.2 kt 21.4 min 4463 m	10.5 kt 16.8 min 2487 m
310000 DWT	336.17 m 60.50 m	28000 kW (38069 PS)	992 m	817 m	15.8 kt 13.5 min 3865 m	11.5 kt 7.5 min 1309 m

出典：神戸海事センター　操船シミュレータパイロットカード

４ 「安全な速力」の決定に考慮すべき事項

　どの程度の速力が「安全な速力」であるかは，船舶の大小，操縦性能，航海計器等の装備など，船舶自体の条件と周囲の他の船舶のふくそう状況，水域の広狭，気象・海象等の周囲の状況によっても異なり，画一的に定義できるものではない。つまり，「安全な速力」は，様々な要素を総合的に判断して決定されるものである。特に考慮すべき基本的要素を本法に列挙している。ただし，列挙されているものがすべてではない点にも注意が必要である。

(1) 視界の状態

　視界の状態は，「安全な速力」を決定するに当たって非常に重要な要素である。高速力で航行すれば，他の船舶を視認した場合，「衝突のおそれ」の有無の判断，避航動作等の措置を適切かつ有効にとる時間的な余裕が少なくなり，衝突の危険性が増すことになる。よって，自船のとるべき動作を判断する十分な時間的余裕を持つことができるように視界の状態に合わせて速力を決定する必要がある。

(2) 船舶交通のふくそうの状況

　単に船舶交通の流れだけでなく，他の船舶の大小，水域内の船舶密度の高低，漁船群等の有無等，水域における船舶のふくそうの度合いを意味する。船舶交通がふくそうしている水域を高速力で航行すれば，次々と他の船舶と遭遇，接近することとなり，必然的に衝突の危険性が高まることになる。

(3) 自船の停止距離，旋回性能その他の操縦性能

　自船の操縦性能は，バラスト（空船）状態，ロード（積荷）状態，また，積荷の量，トリム，水深，海面状態により常に異なる。船舶の運航者は，自船の置かれている状態を十分に認識し，その状態における自船の操縦性能及び実施可能な避航動作を十分に把握しておく必要がある。

(4) 夜間における陸岸の灯火，自船の灯火の反射等による灯火の存在

　陸上の背景灯火（人家・ビル等の照明，街路灯等）による眩惑により，

それらの方向にある他船の灯火が見分けにくくなる，あるいは見失うことがある。また，自船の灯火が窓ガラスなどに反射した場合，それらを他の船舶，陸岸の灯火などと誤認する可能性がある。

(5)　**風，海面及び海潮流の状態並びに航路障害物に接近した状態**

　　風，海潮流は，船舶の操縦性能に大きな影響を及ぼす（特に小型船舶）場合があり，波浪の状況によっては，小型船舶が波浪の間に入り視認が困難になったり，波の飛沫によって視界が制限される場合もある。また，航路障害物に接近して航行するような場合，その障害物によって他の船舶を避航する動作が制限される場合もある。

(6)　**自船の喫水と水深との関係**

　　自船の喫水と航行する水域の水深等を把握し，適切な余裕水深を保持して航行することは，安全航行の基本である（余裕水深の考え方については，6頁第3条⑨参照）。水深が浅くなって余裕水深が小さくなると浅水影響で操縦性能が低下することにも注意が必要である。

(7)　**自船のレーダーの特性，性能及び探知能力の限界**

　　レーダーには，最大・最小探知距離，距離分解能・方位分解能等によるレーダーの限界，精度，性能，特にアンテナ高さ，電波の型式，周波数等の特性を考慮したうえで，レーダー情報を判断し，「安全な速力」を決定することが必要である。

(8)　**使用しているレーダーレンジによる制約**

　　レーダーレンジを周囲の状況に応じて適切に選定することは，レーダーの使用上，非常に重要なことである。長距離レンジの使用中は，遠距離の物標を広範囲にわたって探知することが可能であるが，至近の小さな物標や反射強度の弱い物標等を探知できない場合がある。また，近距離レンジの使用中には，反射強度の弱い物標でも探知し易くなるが，範囲外の物標等の把握をするために，適宜，レンジを長距離に切り替える必要がある。

(9)　**海象，気象その他の干渉原因がレーダーによる探知に与える影響**

　　レーダーは，その使用する電波の特性から，雨，雪，波浪及び他の船舶からのレーダー電波及び自船または陸上の構造物等による干渉によって，レーダー映像に障害が生じる。雨，雪，波浪等からの影響については，A/Cea（Anti-Clutter Sea：海面反射抑制）又はA/C Rain（Anti-Clutter Rain：雨雪反射抑制）を調整して，適切なレーダー映像になるように調整する必要がある。調整に当たっては，A/Cea又はA/C Rainを強力に効か

せすぎると，自船の近距離の周囲に存在する物標の反射波も不要なものとして消されてしまう場合があるので，適切に調整する必要がある。

⑽ **適切なレーダーレンジでレーダーを使用する場合においても小型船舶及び氷塊その他の漂流物を探知することができないときがある**

　適切に調整されたレーダーであっても，小型ヨット，ろかい船及びFRP製ボート等の小型船舶，及び，氷塊その他の漂流物で海面上の部分の小さい物標は，レーダー反射が弱く探知できない場合があるので，これら小型船舶や氷塊の水域を航行する場合には注意を要する。

⑾ **レーダーにより探知した船舶の数，位置及び動向**

　「安全な速力」の決定に当たっては，自船の周囲の水域の他の船舶のふくそう状況を考慮する必要がある。特に視界制限状態において，レーダーにより他の船舶の存在を探知した場合，その数，その位置及び動向を観測し，それらの状況を考慮する必要がある。

　探知した船舶の数が多いほど，他の船舶が正横方向に，正横方向よりも船首方向に位置するほど「衝突のおそれ」が増す。

⑿ **レーダーによる視界の状態の把握**

　視界の状態は，適切な物標とレーダーによる当該物標までの距離を測定することによって，物標のある方向の視界の状態を正確に把握することができる。

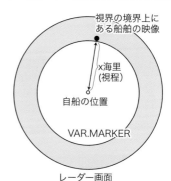

レーダー画面

（注）視認した物標とレーダーで探知した物標との同一性を確認する必要がある。

図2-2　レーダーによる視程の確認

5 **大型船舶の運航上の注意点**

・船舶は大型化しているが，トン数当たりの馬力数は増えていないので，長大な惰力と後進能力が低下傾向にある。

・後進力を利用するためには低速航行となるので，舵効きが悪くなるとともに，風潮流の影響を大きく受けることになる。

・衝突を避けるための協力動作は，激右転が主，後進は従。

・定型航法が適用される時期よりも前の段階で，早期に「衝突のおそれ」を発生させないように動作をとることが自衛上，安全である。

■ 第7条　衝突のおそれ

第7条　船舶は，他の船舶と衝突するおそれがあるかどうかを判断するため，その時の状況に適したすべての手段を用いなければならない。

2　レーダーを使用している船舶は，他の船舶と衝突するおそれがあることを早期に知るための長距離レーダーレンジによる走査，探知した物件のレーダープロッティングその他の系統的な観察等を行うことにより，当該レーダーを適切に用いなければならない。

3　船舶は，不十分なレーダー情報その他の不十分な情報に基づいて他の船舶と衝突するおそれがあるかどうかを判断してはならない。

4　船舶は，接近してくる他の船舶のコンパス方位に明確な変化が認められない場合は，これと衝突するおそれがあると判断しなければならず，また，接近してくる他の船舶のコンパス方位に明確な変化が認められる場合においても，大型船舶若しくはえい航作業に従事している船舶に接近し，又は近距離で他の船舶に接近するときは，これと衝突するおそれがあり得ることを考慮しなければならない。

5　船舶は，他の船舶と衝突するおそれがあるかどうかを確かめることができない場合は，これと衝突するおそれがあると判断しなければならない。

● 立法趣旨

　船舶の運航上，他の船舶との衝突を避けるための重要な要素は，「衝突のおそれ」があるか否かの判断であり，かつ，その判断は適切なものでなければならないことから，船舶の運航者に対して，適切な判断を行うために留意すべき事項等について明確に規定したもの。

　「衝突のおそれ」の有無の判断については，その時の状況に適したすべての手段を用いることを規定し，特にレーダーを使用している場合，大型船舶等と接近する場合の「衝突のおそれ」の有無の適切な判断を行うために留意すべき事項を規定している。また，「衝突のおそれ」の有無について確かめることができない場合について，「衝突のおそれ」があるものと判断することにより，誤判断による衝突を防ぐものである。

解説 ■1 「その時の状況に適したすべての手段」とは

「衝突のおそれ」の有無を判断するために，その時の気象・海象，他の船舶のふくそう状況，自船の装備している機器等を十分に考慮したうえで選択される手段であり，一つではなく異なったものの組み合わせでもかまわない。

「衝突のおそれ」の有無を判断する手段には，他の船舶のコンパス方位を測定する方法，レーダーによるARPA情報（ベクトルの切替（真運動と相対運動），トレイル機能（相対表示））及びAIS情報によるもの，VHF（国際無線電話）による他の船舶との情報の交換によるもの，あるいは，夜間における他の船舶の掲げる灯火の方位変化，灯火の見え方等を観測する方法などがある。

一般的には，他の船舶のコンパス方位の測定やレーダーからの情報により，「衝突のおそれ」の有無を判断することが多い。なお，レーダーの使用については，視界制限状態においてのみ要求されるものではなく，視界が良好な場合であっても，その時の状況によっては使用すべきことが要求される場合もある。

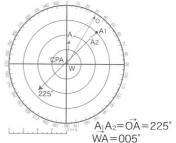

$A_1A_2=\overrightarrow{OA}=225°$
$\overrightarrow{WA}=005°$

A_1,A_2：他船の映像
WO：自船の針路・速力
WA：他船の針路・速力
W・CPA：最接近距離

図2-3　レーダープロッティング

多数の漁船が存在する海域等においては，レーダーの設定をARPAベクトル相対運動（true），トレイル相対運動（relative）として，自船の進行方

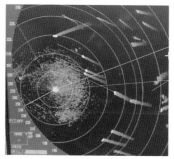

ARPAベクトル相対運動（relative）
トレイル相対運動（relative）

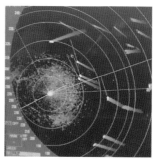

ARPAベクトル真運動（true）
トレイル相対運動（relative）

図2-4　ARPAベクトルとトレイル

向と平行なトレイルは衝突の危険が少なく，トレイルが自船の方へ向かってくるものに注意する。

　漁船等に搭載されている AIS はクラス B タイプのものが多く，船舶情報の通報間隔が船速によって異なるので，特に低速力で漁ろうに従事している場合，レーダー上に表示される AIS の位置とレーダー反射波によるエコーとが異なった位置になる場合があるので注意が必要である。

表 2-2　AIS の船舶情報の通報間隔

船速	通報間隔（クラス A）	通報間隔（クラス B）
2ノット以下	3分＜3ノット	3分
2-14ノット	10秒	30秒
14-23ノット	6秒	15秒
23ノット以上	2秒	5秒

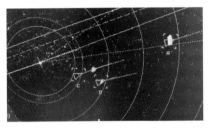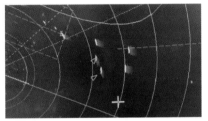

図 2-5　AIS クラス B の位置とレーダー反射波によるエコー位置との相違

2 「レーダーを適切に用いなければならない」とは

　レーダーを適切なレンジで使用すること，レーダープロッティングを行うこと，ARPA 等を使用すること，一定の間隔で方位・距離を観察すること等，系統的な観察を行うことである。船舶交通がふくそうする海域では，明らかに「衝突のおそれ」のない船舶は系統的な観察から除外し，衝突の危険のありそうな船舶を中心として十分な情報を得るようにレーダーを適切に使用しなければならない。

　レーダープロッティングは，レーダー画面上若しくはレーダープロッティング用紙により手作業で解析するものであるが，現在では，レーダー機器に組み込まれている ARPA 機能やトレイル機能を使用することで対応されていることが多い。

3 「不十分なレーダー情報その他の不十分な情報」とは

　レーダーは基本的に，物標の方位・距離が得られるものであり，物標が船

舶であるかどうか，船舶であってもどのような船舶であるかまでは判断できない（AIS情報はレーダーの基本能力とは別）。また，レーダーの設定や操作の巧拙，気象・海象，レーダー機器の特性によっても得られる情報の信頼度が左右される。

「十分なレーダー情報」とは，
・物件の同一性が確認できること
・映像として表示されていない物件が周囲に存在しないこと
・物件の位置が一定以上の精度で表示されていること
・物件が連続して表示されていること
・レーダー機器の整備，調整が正しくなされ，正常に作動していること
　さらに，能力，経験，資格のある担当者による，適切かつ時機を得た使用での情報であり，
・レーダーレンジを長距離と短距離を適切に切り換えて走査し，
・物件が連続して表示され，系統的な観察がなされ，
・その結果が時機を失わずに適切に報告されたものであること
である。

「その他の不十分な情報」とは，その取得方法や手段の不備，または情報を得た者の能力・経験が十分でなく，得た情報に誤差，誤解等が介在すると考えられるものである。例えば，誤差の含まれるコンパス方位（動揺，ジャイロエラー等）である。

4 **「コンパス方位に明確な変化が認められる場合においても衝突のおそれがある場合」とは**

他の船舶のコンパス方位の変化を観測することにより「衝突のおそれ」の有無を判断するためには，他の船舶のある特定の部分（例えば船首マストや船橋）の方位を自船のコンパスで測定し，判断することになるが，厳密には，これはあくまで自船のコンパスのある位置と他の船舶の特定の部分とが衝突するか否かを判断しているものである。したがって，接近する他の船舶が大型船舶であり，その船橋が後部にあるような場合，船首マストのコンパス方位に変化があっても，後部の船橋と衝突する場合がある。

また，接近する他の船舶がえい航作業に従事している船舶である場合，他の船舶のコンパス方位に変化があったとしても，えい航されている物件と衝突する場合がある。

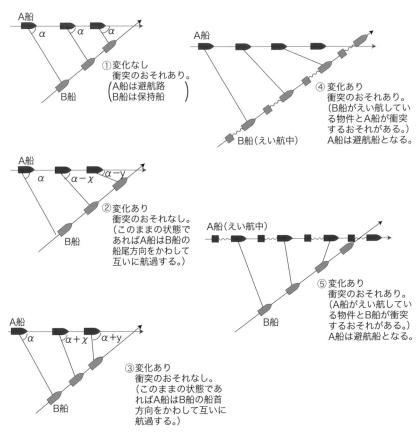

図2-6 コンパス方位の変化

さらに，2隻の船舶が近距離で並列航行した場合，コンパス方位が明確に変化しても，2船間の間隔が極めて近距離の場合，相互作用のために，衝突する場合がある。

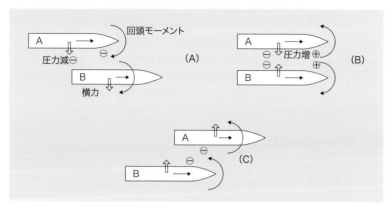

図2-7　2船間の相互作用

第8条　衝突を避けるための動作

第8条　船舶は，他の船舶との衝突を避けるための動作をとる場合は，できる限り，十分に余裕のある時期に，船舶の運用上の適切な慣行に従ってためらわずにその動作をとらなければならない。

2　船舶は，他の船舶との衝突を避けるための針路又は速力の変更を行う場合は，できる限り，その変更を他の船舶が容易に認めることができるように大幅に行わなければならない。

3　船舶は，広い水域において針路の変更を行う場合においては，それにより新たに他の船舶に著しく接近することとならず，かつ，それが適切な時期に大幅に行われる限り，針路のみの変更が他の船舶に著しく接近することを避けるための最も有効な動作となる場合があることを考慮しなければならない。

4　船舶は，他の船舶との衝突を避けるための動作をとる場合は，他の船舶との間に安全な距離を保って通過することができるようにその動作をとらなければならない。この場合において，船舶は，その動作の効果を当該他の船舶が通過して十分に遠ざかるまで慎重に確かめなければならない。

5　船舶は，周囲の状況を判断するため，又は他の船舶との衝突を避けるために必要な場合は，速力を減じ，又は機関の運転を止め，若しくは機関を後進にかけることにより停止しなければならない。

解説　**■1**　「十分に余裕のある時期」とは

　時間的，距離的にも十分に余裕のある時期のことであり，自船の状況（貨物等の積載状態，操縦性能等），船舶交通のふくそう状況，気象・海象，水域の広狭等を総合的に勘案して決定されるものである。

　より具体的には，自船の衝突回避動作が他の船舶に誤解され，あるいは他の船舶が誤った動作をとったとしても，これらの誤解を解き，あるいは誤った動作を修正するなどの措置が十分な余裕をもってとれる時期のことである。

　十分に余裕のある時期に他の船舶との衝突を避けるための動作をとることによって，相手船である他の船舶のみならず，第三船への接近や衝突のおそれが生じないか観察する余裕もできる。

■2　「船舶の運用上の適切な慣行」とは

　そのときどきの置かれている状況において，どのような動作をとることが最も望ましいかという個々の事例が長い間，積み重ねられて経験則として確立したもので，その時の状況に最も適した運用方法として船舶の運航者の間で慣行となったものをいう。

　具体的には，

・港や狭い水道等に進入する場合において，相当の距離を隔てたところから，それらに向かう態勢で進入すること。その動作により他の船舶から自船の動作が容易に判断できるようになる。

・港や狭い水道等を通航する場合において，投びょうの準備，機関のS/B，見張りの増員等を行い，衝突を避けるための動作を常に的確にとることができるように備えておくこと。

・作業中の船舶，回頭中の船舶等には，できる限り接近しないこと。

・びょう泊中，他の船舶が接近し衝突のおそれがある場合には，注意喚起信号の吹鳴等の措置をとること。

・第17条第3項の規定により，保持船が最善の協力動作をとる場合において，

機関の停止，後進にかけることにより速力を減じ又は停止すること。

3 「針路又は速力の変更」について

　小刻みな針路又は速力の変更は，他の船舶からその変化を容易に認めることができず，かえって誤解を与えやすくなるおそれがあるので，針路又は速力の変更は大幅に行わなければならない。具体的には，針路の変更であれば，少なくとも原針路から30度以上，速力の変更であれば原速力から２分の１以下（特にレーダーによるARPA情報の変化を少しでも早く反映するため）への変更が望ましい。

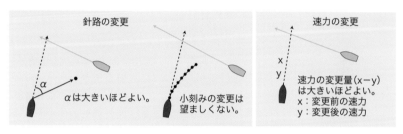

図2-8　針路又は速力の変更

4 「針路のみの変更」が最も有効な場合とは

　「針路のみの変更」が，視界の状況にかかわらず，他の船舶と著しく接近することを避けるために，最も有効な動作となるための要件は，

・広い水域であること。

・新たに他の船舶に著しく接近することにならないこと。

・適切な時期に動作がとられること。

・大幅に動作がとられること（小変針を連続して行うものではない）。

5 「他の船舶との安全な距離」とは

　他の船舶との衝突を避けるための動作をとる場合は，他の船舶との間に安全な距離を保って通過できるようにその動作をとらなければならない。この場合の安全な距離とは，自船が他の船舶の付近を通過するときに確実に衝突を回避することができる距離のことである。安全な距離は，船舶の大小，速力，視界の状態，他の船舶のふくそう状況，水域の広狭等により一概に決定できないが，少なくとも他の船舶に疑問や不安を与えるような距離であってはならない。具体的な目安を，図2-9に示す。

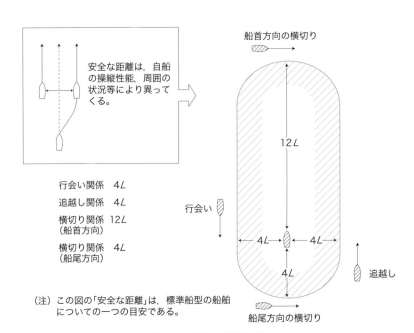

安全な距離は，自船の操縦性能，周囲の状況等により異ってくる。

行会い関係　4*L*

追越し関係　4*L*

横切り関係　12*L*
（船首方向）

横切り関係　4*L*
（船尾方向）

船首方向の横切り

行会い

追越し

船尾方向の横切り

12*L*

4*L*　4*L*

4*L*

（注）この図の「安全な距離」は，標準船型の船舶についての一つの目安である。

図2-9　安全な距離の例

6 「速力の減少又は停止が必要な場合」とは

　一般的に，速力の減少又は停止は，針路の変更に比較して敬遠されがちである。しかし，他の船舶との衝突を避けるためには，必要な場合には積極的に速力の減少又は停止をしなければならない。

　なお，「機関の運転を止め」とは，機関の運転を止める場合のほか，可変ピッチプロペラの船舶の場合は，プロペラピッチをニュートラルの位置にすることである。また，「停止する」とは，行きあしを完全に無くすことである。

第9条 狭い水道等

第9条 狭い水道又は航路筋（以下「狭い水道等」という。）をこれに沿って航行する船舶は，安全であり，かつ，実行に適する限り，狭い水道等の右側端に寄って航行しなければならない。ただし，次条第2項の規定の適用がある場合は，この限りでない。

2 航行中の動力船（漁ろうに従事している船舶を除く。次条第6項及び第18条第1項において同じ。）は，狭い水道等において帆船の進路を避けなければならない。ただし，この規定は，帆船が狭い水道等の内側でなければ安全に航行することができない動力船の通航を妨げることができることとするものではない。

3 航行中の船舶（漁ろうに従事している船舶を除く。次条第7項において同じ。）は，狭い水道等において漁ろうに従事している船舶の進路を避けなければならない。ただし，この規定は，漁ろうに従事している船舶が狭い水道等の内側を航行している他の船舶の通航を妨げることができることとするものではない。

4 第13条第2項又は第3項の規定による追越し船は，狭い水道等において，追い越される船舶が自船を安全に通過させるための動作をとらなければこれを追い越すことができない場合は，汽笛信号を行うことにより追越しの意図を示さなければならない。この場合において，当該追い越される船舶は，その意図に同意したときは，汽笛信号を行うことによりそれを示し，かつ，当該追越し船を安全に通過させるための動作をとらなければならない。

5 船舶は，狭い水道等の内側でなければ安全に航行することができない他の船舶の通航を妨げることとなる場合は，当該狭い水道等を横切ってはならない。

6 長さ20メートル未満の動力船は，狭い水道等の内側でなければ安全に航行することができない他の動力船の通航を妨げてはならない。

7 第2項から前項までの規定は，第4条の規定にかかわらず，互いに他の船舶の視野の内にある船舶について適用する。

8 船舶は，障害物があるため他の船舶を見ることができない狭い水道等のわん曲部その他の水域に接近する場合は，十分に注意して航行しなければならない。

9　船舶は，狭い水道においては，やむを得ない場合を除き，びょう泊をしてはならない。

立法趣旨

陸岸等により幅が狭い水域において，船舶交通のふくそうにより，複雑な航法関係が生じた場合，2船間の航法を定める一般規定（第12条から第18条）だけでは十分でないため，特別な航法の規定を設けることによって船舶交通の安全を確保するためのもの。

解説　**1**　「狭い水道」，「航路筋」とは

「狭い水道」とは，陸岸等により水域の幅が狭められている水道であり，一般的には，2～3海里程度の幅に狭められている水域のことを指す。

「航路筋」とは，浅瀬等によって一つの慣習的な船舶通航の流れが形成された通航路，人工的にしゅんせつされた航路等である。

2　「安全であり，かつ，実行に適する限り，狭い水道等の右側端に寄って航行する（第1項）」とは

狭い水道等を航行する船舶は，「安全であり，かつ，実行に適する限り，狭い水道等の右側端航行」を義務付けられており，この場合の「安全であり」とは，地形，海潮流，自船の喫水や状況等を総合的に判断し，水深との関係から余裕水深のある範囲内で右側端に寄って航行することである。

また，「実行に適する限り」とは，狭い水道等で自船の左側にある岸壁に係留しようとするような場合に岸壁直前まで，

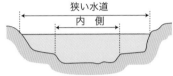

図2-10　狭い水道等

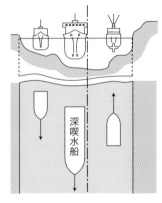

図2-11　右側端通航

右側航行を義務付けるものではない。深喫水の大型船舶が余裕水深の関係から水道の最深部中央から少し外れて航行するような場合である。

3 「通航を妨げる」と「進路を避ける」とは

「通航を妨げる」とは，2隻の船舶が接近する場合において，一方の船舶の進もうとする方向の水域を何らかの事由により閉塞してしまい，通航を不可能にしてしまうことである。進路方向への通航が可能なように一定の部分を空けてあれば，「通航を妨げる」ことにはならない。

なお，「通航を妨げることとするものではない」とは，帆船又は漁ろうに従事している船舶が，仮に一般船舶の通航を妨げているときは，一般船舶が安全に通航することができるように十分な水域を確保するために，早期に動作をとらなければならないものであり，「通航を妨げるものではない」と同一の意味である。[注]

注　本法の基になっている1972年国際海上衝突予防規則は，1987（昭和62）年11月のIMO第15回総会において改正され（1989（平成元）年11月発効），「妨げてはならない」の趣旨が上記のようなものであることを国際的に明確にしている。

「進路を避ける」とは，2隻の船舶が接近し，「衝突のおそれ」がある場合，保持船がそのまま進路を変更しないで進むことができるように，避航船が針路又は速力を変更して，保持船の進路方向の水域を空けることである。

通航不可能な状態　　　　　通航可能な状態

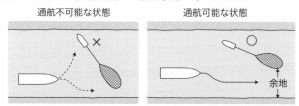

図2-12　一般船と漁ろう船の航法

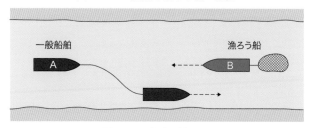

図2-13　進路を避ける

4 動力船（漁ろうに従事している船舶を除く。）と帆船の間の航法（第2項）について

　航行中の動力船（漁ろうに従事している船舶を除く。）は，原則として狭い水道等において帆船の進路を避けなければならないが，帆船が，狭い水道等の内側でなければ安全に航行することができない動力船の通航を妨げることができるというものではない。

5 航行中の船舶（漁ろうに従事している船舶を除く。）と漁ろうに従事している船舶の間の航法（第3項）について

　航行中の船舶（漁ろうに従事している船舶を除く。）は，原則として狭い水道等において漁ろうに従事している船舶の進路を避けなければならないが，漁ろうに従事している船舶が，狭い水道等の内側を航行している他の船舶の通航を妨げることができるというものではない。

6 狭い水道等における追越し（第4項）について

　狭い水道等において追い越される船舶が，追越し船を安全に通過させるための動作をとらなければ追い越せないような場合，追越し船は，汽笛信号（第34条第4項：左追越しの場合は長音2回に引き続く短音2回，右追越しの場合は長音2回に引き続く短音1回）を行うことにより追越しの意図を追い越される船舶に示すことができる。

　追い越される船舶は，追越し船からの汽笛信号に対し，同意をする場合には同意信号（第34条第4項：長音1回，短音1回，長音1回，短音1回）を行い，かつ，追越し船を安全に通過させるための協力動作（転針，減速等）をとらなければならない。なお，同意しない場合や追越しが安全でない等の場合は，警告信号（第34条第5項：急速に短音5回以上）を吹鳴する。

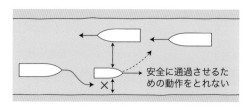

図 2-14　狭い水道等における無理な追越しの例

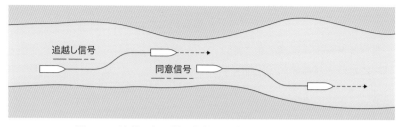

図2-15　追越し船が他の船舶の左舷側を追い越す場合

7 「**狭い水道等の内側でなければ安全に航行することができない他の船舶（第5項）**」とは

　　船舶の喫水と水深との関係から狭い水道等の内側しか航行できない船舶のことである。具体的には，狭い水道等の外側の水深が浅いため，深い水域しか航行できない喫水の深い大型船舶等をいう。

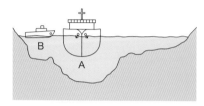

図2-16　狭い水道等の内側でなければ安全に航行することができない船舶

8 **狭い水道等における横切りの制限（第5項）について**

　　狭い水道等に沿って喫水の深い大型船舶が航行している場合に，狭い水道等を横断する船舶と「横切り船の関係（第15条）」となり，大型船舶が避航船となった場合，避航水域に余裕がなく，針路又は速力を変更して横断船の進路を避けようにも避けられない場合があ

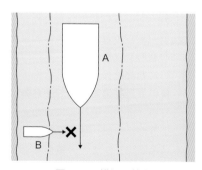

図2-17　横切り禁止

る。狭い水道等の内側でなければ安全に航行することができない船舶の通航を妨げることとなるような場合において，狭い水道等での横切りは禁止されている。

9　**狭い水道等における長さ20メートル未満の動力船の航行（第6項）について**

　　長さ20メートル未満の動力船は，狭い水道等又は航路筋の内側でなければ安全に航行することができない他の動力船の通航を妨げないために，早期に他の動力船が安全に通航できるように十分な水域を空けるための動作をとらなければならない。

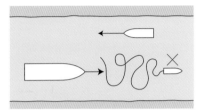

図2-18　小型船の航法

　　モーターボート等の小型船舶の運航者は，大型船舶が狭い水道等を航行している場合には，その航行が大きな制約を受けていることに注意し，自船の操縦性能を過信し，大型船舶の直近を横切ったり，前方を蛇行したり等の安全な通航を妨げるような行為をしてはならない。

10　**第2項から第6項までの規定の適用（第7項）について**

　　第2項から第6号までの規定が「互いに他の船舶の視野の内にある場合」の船舶についてのみ，適用されることを明らかにしたものである。これは，「進路を避ける」とか「通航を妨げないようにする」義務は，視界制限状態においては履行できないためである。ただし，視界制限状態において適用されないからと言って，視界制限状態の場合に積極的に通航を妨害してよいというものではない。

11　**わん曲部その他の水域に接近する場合の航法（第8項）について**

　　狭い水道等のわん曲部や島陰になっている水域では，視界が妨げられているため，漫然と航行していると，突然他の船舶と遭遇する可能性がある。このような場合に，他の船舶との衝突を避けようとしても，距離的，時間的にも余裕が無く，また，避航できる水域も十分でない場合，極めて危険であるので，このような水域では，特に注意して航行する必要がある。

　　他の船舶の出現に備えるとともに，汽笛信号（第34条第6項：わん曲部信号，長音1回）を行うことにより互いの存在を確認できるようにしたもの。

　　「その他の水域」とは，島陰になっている水域，港湾内の水路であって建物等の陰になって見通しの悪い水域等をいう。

　　「十分に注意して航行」とは，右側端航行の厳守，見張りの強化，機関のS/B，速力の低減，信号の励行等の必要な措置を講じることと，風及び海潮流等の外力の影響にも注意することである。

12 びょう泊の禁止（第9項）について

　狭い可航水域において，その可航水域をさらに狭め，他の船舶の通航の障害となるびょう泊は禁止されている。航路筋におけるびょう泊は禁止されていない。

第10条　分離通航方式

> **第10条**　この条の規定は，1972年の海上における衝突の予防のための国際規則に関する条約（以下「条約」という。）に添付されている1972年の海上における衝突の予防のための国際規則（以下「国際規則」という。）第1条(d)の規定により国際海事機関が採択した分離通航方式について適用する。
>
> 2　船舶は，分離通航帯を航行する場合は，この法律の他の規定に定めるもののほか，次の各号に定めるところにより，航行しなければならない。
>
> 　(1)　通航路をこれについて定められた船舶の進行方向に航行すること。
>
> 　(2)　分離線又は分離帯からできる限り離れて航行すること。
>
> 　(3)　できる限り通航路の出入口から出入すること。ただし，通航路の側方から出入する場合は，その通航路について定められた船舶の進行方向に対しできる限り小さい角度で出入しなければならない。
>
> 3　船舶は，通航路を横断してはならない。ただし，やむを得ない場合において，その通航路について定められた船舶の進行方向に対しできる限り直角に近い角度で横断するときは，この限りでない。
>
> 4　船舶（動力船であって長さ20メートル未満のもの及び帆船を除く。）は，沿岸通行帯に隣接した分離通航帯の通航路を安全に通過することができる場合は，やむを得ない場合を除き，沿岸通行帯を航行してはならない。
>
> 5　通航路を横断し，又は通航路に出入する船舶以外の船舶は，次に掲げる場合その他やむを得ない場合を除き，分離帯に入り，又は分離線を横切ってはならない。
>
> 　(1)　切迫した危険を避ける場合
>
> 　(2)　分離帯において漁ろうに従事する場合
>
> 6　航行中の動力船は，通航路において帆船の進路を避けなければならない。ただし，この規定は，帆船が通航路をこれに沿って航行している動力船の安全な通過を妨げることができることとするものではない。
>
> 7　航行中の船舶は，通航路において漁ろうに従事している船舶の進路を避け

なければならない。ただし，この規定は，漁ろうに従事している船舶が通航路をこれに沿って航行している他の船舶の通航を妨げることができることとするものではない。

8　長さ20メートル未満の動力船は，通航路をこれに沿って航行している他の動力船の安全な通航を妨げてはならない。

9　前3項の規定は，第4条の規定にかかわらず，互いに他の船舶の視野の内にある船舶について適用する。

10　船舶は，分離通航帯の出入口付近においては，十分に注意して航行しなければならない。

11　船舶は，分離通航帯及びその出入口付近においては，やむを得ない場合を除き，びょう泊してはならない。

12　分離通航帯を航行しない船舶は，できる限り分離通航帯から離れて航行しなければならない。

13　第2項，第3項，第5項及び第11項の規定は，操縦性能制限船であって，分離通航帯において船舶の航行の安全を確保するための作業又は海底電線の敷設，保守若しくは引揚げのための作業に従事しているものについては，当該作業を行うために必要な限度において適用しない。

14　海上保安庁長官は，第1項に規定する分離通航方式の名称，その分離通航方式について定められた分離通航帯，通航路，分離線，分離帯及び沿岸通航帯の位置その他分離通航方式に関し必要な事項を告示しなければならない。

立法趣旨

　分離通航方式とは，船舶交通が集中し，ふくそうする水域において，船舶交通の流れを分離帯，分離線，通航路等を設けることにより分離し，最も危険な真向いの状態又はほとんど真向いの状態を減少させ，交通の流れを整流し，秩序を保つことにより衝突の危険を減少させるものである。分離通航方式は，国際海事機関（IMO）が採択する。

解説　**1**　用語の意味

・「**分離通航帯**」：分離通航方式の設定されている水域のことである。分離通航帯は，通航路，分離帯，分離線等からなり，対面する船舶の通航を分離・整流するように設定した一定の水域である。

・「**通航路**」：分離通航帯の中で，一定の方向に通航が定められている限定さ

れた水域のことである。分離帯を形成するものとして，自然障害物が境界
を構成する場合もある。

・「**分離線（分離帯）**」：真向い又はほとんど真向いに進行する船舶交通の通
航を分離し，又は一つの通航路とこれに隣接する沿岸通航帯とを分離して
いる線（帯状の水域等）のことである。

・「**沿岸通航帯**」：分離通航帯の陸側の境界とそれに隣接する海岸線との間に
沿岸航海用に設けられた一定の水域のことであり，分離通航方式から地域
的な船舶交通を離すことを目的として設定されたものである。

2 分離通行方式の設定方法

　分離通航方式の設定は，設定海域の地形，水深，障害物，船舶交通のふく
そう度等の様々な観点から検討され，最善の方法が選定される。

　分離通航方式は，沿岸国が案を作成して，国際海事機関（IMO）に提案
し，航行安全小委員会（NAV：The Sub-Committee on Safety of Navigation）
の審議を経た後，海上安全委員会（MSC：The Maritime Safety Committee）
において採択され，一定の周知期間を経て，施行される。

　図2-19に代表的なものを示す。

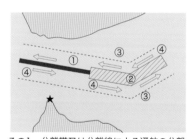

その1　分離帯又は分離線による通航の分離

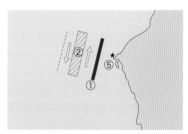

その3　地域的交通のための沿岸通航帯

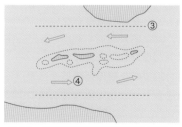

その2　自然の障害物及び地理的に明確な
　　　　目標による通航の分離

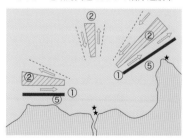

その4　互いに接近して，焦点に指向する
　　　　分離通航方式の扇型分割

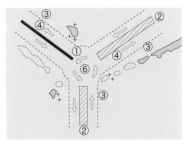

その5　ラウンドアバウトでの交通の分離

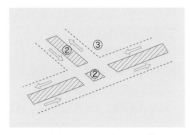

その7　接合点における交通の分離

① 分　離　線
② 分　離　帯
③ 通航路の外側境界
④ 矢印は設定された通航方法を示す
⑤ 沿岸通航路
⑥ 円形分離帯

その6　交差点における交通の分離

図2-19　分離通航方式の設定方法

3　分離通航方式における航法

(1)　一般原則（第2項）

　　分離通航帯の航行は強制されるものではなく，分離通航帯を航行するか否かは船舶の運航者の任意であるが，分離通航帯を航行する場合は，本法の他の規定に定めるもののほか，

　i．通航路においては定められた方向に進行しなければならない。

　ii．分離線又は分離帯からできる限り離れて航行しなければならない。

　iii．できる限り通航路の出入口から出入りしなければならない。

　iv．通航路の側方から出入りする場合，通航路において定められた方向に対してできる限り小さい角度で出入りしなければならない。

　　通航路内での反航，分離線又は分離帯付近での反航船との接近を避けるため，また，側方から通航路に出入りする場合も，できる限り通航路の交通の流れを乱さないようにしなければならない。

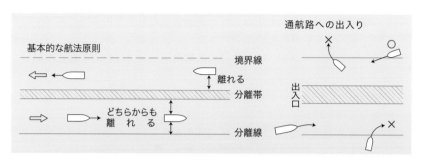

図 2-20　基本的な航法原則及び通航路への出入

⑵　横断の禁止（第3項）

　船舶は，通航路を横断してはならず，やむを得ない場合に横断するときは，通航路において定められた船舶の進行方向に対して，できる限り直角に近い角度で横断しなければならない。

　「直角に近い角度」で横断しなければならない理由は，通航路において一般的な交通の流れと異なる交通の流れが発生することは危険であるため，横断する船舶のような一般的な交通の流れと異なる通航に対して通航路内に滞在する時間をできる限り短くするとともに，他の船舶に対して横断している船舶であることを明確に認識しやすいようにすることにより，船舶交通の安全を図るためである。

　ここでいう「やむを得ない場合」とは，海難を避ける場合，分離通航帯の側方の港から反対側の港へ行く場合等のことである。

　また，「できる限り」とは，風浪や海潮流が激しくやむを得ず斜航せざるを得ない場合，衝突回避のためやむを得ず斜航する場合等を考慮している。

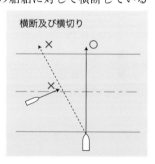

図 2-21　横断及び横切り

⑶　沿岸通航帯の航行禁止（第4項）

　沿岸通航帯は，地域的な沿岸航海に従事する船舶のために設けられた水域であり，分離通航帯及び沿岸通航帯の設定されている水域を通過する船舶が，いずれも自由に航行できるようにしては，分離通航帯と沿岸通航帯を分けた意味がなくなるので，間接的に船舶（長さ20メートル未満のもの及び帆船を

除く）に分離通航帯を航行することを義務付けたものである。

　ここでいう「やむを得ない場合」とは，沿岸通航帯の陸岸側にある港への出入り，水先人の乗下船，海難を避ける場合，人命又は他の船舶の救助等である。

⑷　分離帯への進入及び分離線の横切りの禁止（第5項）

　分離帯又は分離線付近は，緩衝地帯，緊急避難場所としての性格を有するため，海難を避ける場合，人命又は他の船舶を救助する場合などのやむを得ない場合を除き，できる限り分離帯内に進入したり，分離線を横切ったりさせないようにして，これらの水域を確保するためのものである。

　なお，分離帯において，漁ろうに従事することは認められている。

⑸　通航路における各種船舶間の航法（第6項〜第9項）

　第6項から第8項の規定は，第9項の規定により「互いに他の船舶の視野の内にある船舶」について適用される。その理由は，32頁第9条⑩でも述べたように，視界が制限された状態では，「進路を避ける」，「通航を妨げない」義務を課しても，互いに他の船舶を視認していない状態で履行することはできないからである。

　ⅰ．動力船と帆船の間の航法（第6項）

　　　動力船は，通航路において帆船の進路を避けなければならない。ただし，帆船は，通航路に沿って航行する動力船の安全な通航を妨げることができることとするものではない。

　ⅱ．一般船舶と漁ろうに従事している船舶の間の航法（第7項）

　　　一般船舶は，通航路において漁ろうに従事している船舶の進路を避けなければならない。ただし，漁ろうに従事している船舶は，通航路をこ

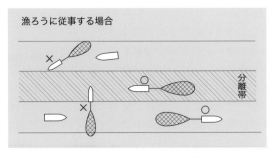

図2-22　漁ろうに従事する場合

れに沿って航行している他の船舶の通航を妨げることができることとするものではない。

　iii．長さ20メートル未満の船舶の航法（第8項）

　　　長さ20メートル未満の動力船は，通航路に沿って航行している他の動力船の安全な通航を妨げてはならない。

　ただし書規定の部分の意味は，29頁第9条③と同様な趣旨である。

(6)　分離通航帯の出入口付近の航行（第10項）

　分離通航帯の出入口付近は，船舶が当該分離通航帯を航行するために収束してくるとともに，当該分離通航帯を航行し終え各方面へ分散していく水域であるため，船舶間の進路が交錯し，複雑な関係となることが多いので，船舶運航者は十分に他の船舶に対して注意して航行しなければならない。

(7)　分離通航帯におけるびょう泊の禁止（第11項）

　分離通航帯及びその出入口付近において，やむを得ない場合を除き，びょう泊をしてはならない。

　分離通航帯は，船舶交通を整流するためのものであるので，船舶交通の整流の障害となり，かつ，船舶の通航水域を狭めるびょう泊を原則禁止している。

　ここでいう「やむを得ない場合」とは，海難を避ける場合，人命又は他の船舶の救助等である。

(8)　分離通航帯を使用しない船舶の航法（第12項）

　分離通航帯は，ふくそうする船舶交通を整流するものであるが，本法では，その航行を義務付けていないことから，分離通航帯を航行しない船舶が，不用意に分離通航帯に接近して航行する可能性がある。このため，このような船舶に対してできる限り分離通航帯から離れて航行させ，分離通航帯を航行している船舶とそれ以外の船舶との通航を明確に分離することにより，不要な関係を生じないようにしたものである。

(9)　分離通航帯における航法規定の適用免除（第13項）

　操縦性能制限船であって，分離通航帯において船舶の航行の安全を確保するための作業又は海底電線の敷設，保守若しくは引揚げのための作業に従事しているものは，その作業を行うのに必要な限度において，分離通航方式に係る航法（一般原則（第2項），横断の禁止（第3項），分離帯への進入及び分離線の横切りの禁止（第5項），びょう泊の禁止（第11項））の適用が免除される。

(10)　分離通航方式の周知（第14項）

　国際海事機関（IMO）が採択した分離通航方式の分離通航帯を航行しようとする船舶は，本条で規定された特別の航法に従わなければならない。したがって，どの水域に，どのような分離通航方式が設定されているかを知っておくことは，外航船舶の運航者にとっては重要なことである。

　2017（平成29）年7月現在，バルチック海及び近隣海域25，西ヨーロッパ海域34，地中海及び黒海24，インド洋及び周辺海域18，東南アジア海域10，オーストラリア海域3，北アメリカ及び太平洋岸8，南アメリカ及び太平洋岸17，北西大西洋，メキシコ湾及びカリブ海域19，アジア及び太平洋岸6，北東大西洋及び南大西洋2，深喫水ルートとしてバルチック海及び近隣海域7，西ヨーロッパ海域7，インド洋及び周辺海域，東南アジア海及びオーストラリア海域4，北西大西洋，メキシコ湾及びカリブ海1の全世界で185か所（IMO SHIPS' ROUTEING 2017 EDITION）の分離通航方式が採択，実施されている（日本近海には設定されていない）。

　このため，海上保安庁長官は，分離通航方式の名称，その分離通航方式について定められた分離通航帯，通航路，分離線，分離帯，沿岸通航帯その他分離通航方式に関して必要な事項について，新設，変更，廃止等があった場合には，その都度，官報で告示することになっている。また，分離通航方式に関する事項を示す図面を海上保安庁管区保安署に備え置いて縦覧に供されている。このほか，海上保安庁海洋情報部作成の「水路通報」その他の方法により広く周知されることになっている。

図2-23　伊豆大島西方沖の推薦航路（出典：国土交通省）

⑴⑴ 日本周辺における海上人命安全条約（SOLAS条約）の船舶航路指定制度による推薦航路

　船舶の航行における安全性及び効率性等のために，強制的な分離通航や対面通航などの航路を国際海事機関（IMO）が指定する制度により，伊豆大島西方沖に対面航行を「推奨」するため，その中心線を定めた航路が，2017（平成29）年6月の国際海事機関（IMO）にて審議・採択され，2018（平成30）年1月1日より施行された。本推薦航路は，最新のデジタル技術を利用し，実際の灯台やブイ等の航路標識がない海上に，レーダーや電子海図上で航路標識のシンボルを仮想表示させるバーチャルAIS航路標識を利用したものである。

・バーチャルAISシンボルマークについて
　2004（平成16）年に国際海事機関（IMO）において航海用レーダーの性能基準が改正され，航海用レーダー画面上にAISシンボルマークを表示することが義務付けられた。2014（平成26）年には新シンボルマークが国際海事機関（IMO）にて承認された。

旧シンボルマーク

新シンボルマーク（抜粋）

	右舷標識	左舷標識	北方位標識	東方位標識	南方位標識	西方位標識	孤立障害標識	安全水域標識	特殊標識	緊急沈船標識
リアル・シンセ										
バーチャル										

出典：海上保安庁

第2節 互いに他の船舶の視野の内にある船舶の航法 （操船規則）

▌第11条 適用船舶

> **第11条** この節の規定は，互いに他の船舶の視野の内にある船舶について適用する。

◯ 立法趣旨

　第2節では，第12条（帆船），第13条（追越し船），第14条（行会い船），第15条（横切り船），第16条（避航船），第17条（保持船）及び第18条（各種船舶間の航法）について規定されている。これらの規定は，2船間（1船対1船）の航法を定め，避航，保持関係等について規定したものである。適切かつ有効に避航義務又は保持義務を課すためには，避航船又は保持船ともに互いに他の船舶の状態等について明確に把握することが必要不可欠である。このため，第2節の航法の規定の適用については，他の船舶の状態について確実に視覚によって情報を得られる場合，つまり，互いに他の船舶の視野の内にある船舶にのみ適用があるとしている。

解説　**1** 航法適用についての一般原則

　本条は，2船間の航法を定めた規定すべてに（第2節全体）に通じる一般原則である。

　第12条から第18条までの規定は，互いに他の船舶の視野の内にある船舶に適用される。

2 直接の視覚による他の船舶の把握

　第2節は，2船間の航法を定めたものであり，互いに他の船舶の視野の内にある船舶について適用される。この場合，直接視覚によって他の船舶を捉えることが必要で，レーダー等の機器によって他の船舶を把握していても視認していることにはならない。

3 視界制限状態においても第2節の規定が適用される場合

　視界制限状態の場合であっても，互いに他の船舶を視覚によって把握できる場合，第2節の規定が適用される点に注意が必要である。

■ 第12条　帆　　　船

> 第12条　2隻の帆船が互いに接近し，衝突するおそれがある場合における帆船の航法は，次の各号に定めるところによる。ただし，第9条第3項，第10条第7項又は第18条第2項若しくは第3項の規定の適用がある場合は，この限りでない。
>
> (1)　2隻の帆船の風を受けるげんが異なる場合は，左げんに風を受ける帆船は，右げんに風を受ける帆船の進路を避けなければならない。
>
> (2)　2隻の帆船の風を受けるげんが同じである場合は，風上の帆船は，風下の帆船の進路を避けなければならない。
>
> (3)　左げんに風を受ける帆船は，風上に他の帆船を見る場合において，当該他の帆船の風を受けるげんが左げんであるか右げんであるかを確かめることができないときは，当該他の帆船の進路を避けなければならない。
>
> 2　前項第2号及び第3号の規定の適用については，風上は，メインスル（横帆船にあっては，最大の縦帆）の張っている側の反対側とする。

🔍 立法趣旨

　2隻の帆船が互いに接近し，衝突するおそれがある場合の2隻の帆船間の航法を規定したもの。帆船の航走は，特に風向との関係で進行できる範囲が制約される（風上及び風上に近い方向には進行できない）ことを考慮して，右側通航の実行が可能になるように避航方法を定めたもの。

解説　**1**　帆船の航法（第1項）

(1)　2隻の帆船の風を受けるげんが異なる場合（第1号）

　左げんに風を受ける帆船が，右げんに風を受ける帆船の進路を避けなければならない。

これは，帆船が進路を変更する場合，風下に針路を変更（風を受けるげんの反対側への針路変更）する方が容易であること，かつ，右側通航の原則に従うことができるように，左げんに風を受ける帆船に避航義務を課したものである。

(2) **2隻の帆船の風を受けるげんが同じである場合（第2号）**

風上の帆船は，風下の帆船の進路を避けなければならない。

これは，風を受けるげんが同じである場合，風下の帆船は風上の帆船に比して，避航できる範囲が制限されることがあるため，風上の帆船に対して避航義務を課したものである。風上の判断については，②参照。

(3) **左げんに風を受ける帆船が，風上に他の帆船を見る場合において，当該他の帆船の風を受けるげんを確かめることができない場合（第3号）**

左げんに風を受ける帆船は，他の帆船の進路を避けなければならない。

風上の帆船の受ける風のげんの違いによって，左げんに風を受ける帆船の避航義務が全く逆になる。左げんに風を受ける帆船は，

・風上にある他の帆船が右げんに風を受けている場合，避航義務有り
・風上にある他の帆船が左げんに風を受けている場合，避航義務無し

上記のような理由から，左げんに風を受ける帆船が，風上の他の帆船の風を受けるげんを確かめることができないまま，漫然と航走することは衝突の危険があるので，避航義務を課している。

図2-24　第1号

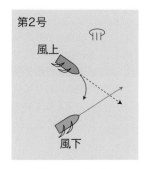

図2-25　第2号

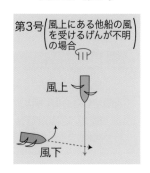

図2-26　第3号

⑷　その他の場合（第1号ただし書）
　一方の帆船が漁ろうに従事している船舶である場合等，操縦性能に制限を受けている場合には，第1項ただし書の規定が適用される。
　　・第9条第3項（狭い水道等における漁ろうに従事している船舶と他の船舶との航法）
　　・第10条第7項（分離通航方式における漁ろうに従事している船舶と他の船舶との航法）
　　・第18条第2項（帆船が運転不自由船，操縦性能制限船又は漁ろうに従事している船舶の進路を避けなければならない）
　　・第18条第3項（帆船で漁ろうに従事している船舶が運転不自由船又は操縦性能制限船の進路をできる限り避けなければならない）

2　**風上の判断（第2項）**
　帆船が航走する場合，展張された帆は風の吹いてくる方向（風上）と反対側へ張り出すので，これを風上の判断基準としたもの。縦帆船の場合は，メインスル（最大の帆），横帆船の場合は，最大の縦帆（ジブ）によって判断する。

最大の縦帆(ジブ)

図2-27　横帆船の場合

第13条　追越し船

> 第13条　追越し船は，この法律の他の規定にかかわらず，追い越される船舶を確実に追い越し，かつ，その船舶から十分に遠ざかるまでその船舶の進路を避けなければならない。
>
> 2　船舶の正横後22度30分を超える後方の位置（夜間にあっては，その船舶の第21条第2項に規定するげん灯のいずれをも見ることができない位置）からその船舶を追い越す船舶は，追越し船とする。
>
> 3　船舶は，自船が追越し船であるかどうかを確かめることができない場合は，追越し船であると判断しなければならない。

　追い越しをする船舶の航行の動作について規定したもので，他の船舶と追越しの状態になった場合は，本法に規定される他の規定にかかわらず最優先で適用されることを明らかにし，かつ，追越し船に全面的に避航義務を課したもの。

解説 **1** 追越し船の航法

(1) **追越し船の避航義務（第1項）**

　　追越し船は，追い越される船舶の進路を避けなければならない。この避航義務は，追い越される船舶が何らかの事由でその進路を変更した場合においても，新たな衝突の危険が生じないよう，十分に遠ざかるまで免除されない。本条の規定は，本法の他の規定にも優先して適用される。

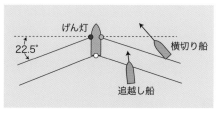

図2-28　追越し船

(2) **「追越し船」とは（第2項）**

　　他の船舶の正横後22度30分を超える後方の位置から他の船舶を追い越す船舶のことである。

　　なお，夜間にあっては，他の船舶の正横後22度30分の位置から見た場合，他の船舶のげん灯及びマスト灯が見えず，船尾灯のみ見える位置が，その構造上，げん灯は船首方向から外側へ1度から3度までの範囲（規則第5条第4項，1972年国際海上衝突予防規則付属書I灯火及び形象物の技術基準9(a)），及びマスト灯は，正横後22度30分を超えて更に5度の範囲内で射光することが認められている（規則第5条第3項，1972年国際海上衝突予防規則付属書I灯火及び形象物の技術基準9(a)）。自船が他の船舶の正横後22度30分を超える後方の位置にあっても，船尾灯のみが見えるのではなく，げん灯及びマスト灯が見える場合がある。したがって灯火の視認によって追越し状態にあるか否かを判断する場合には，上記の点に留意する必要がある。また，船尾灯の射光範囲（本法第21条第4項）は，正船尾方向から各げん67度30分までであり，船尾灯のみの視認で他の船舶の進路を推測する（図2-29参照）のは困難であるので，レーダーのARPA機能又はAIS等によって他の船舶

の進路を確かめる必要がある。

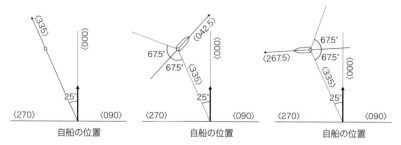

例えば，自船が＜000＞に航行中，＜335＞に他の船舶の船尾灯1個を視認した場合，他の船舶の進行方向は＜267.5＞から＜042.5＞の範囲内となる。

図2-29　船尾灯による他の船舶の進路の推定

2 追越し船であるかどうかを確かめることができない場合（第3項）

　　自船が追越し船であるかどうかを確かめることができない場合は，追越し船であると判断しなければならない。

　　他の船舶の正横後22度30分を超える位置又はその船舶のいずれのげん灯をも見ることができない位置に自船がいるかどうか，自船又は他船の針路が天候等の事由等により不安定で明確に判断できない場合がある。このような場合に，自船が追越し船であるか，本法第15条に規定する横切り船であるかの判断を船舶の運航者に委ねると自船と他の船舶との認識の相違が生じた場合，衝突の危険が増大することとなる。よって，自船が追越し船であるかどうかを確かめることができない場合，一律に追越し船であると判断することによって，判断の誤りや遅れによる衝突を防止するものである。

3 追い越す場合の注意事項

(1)　追い越される船舶を確実に追い越し，十分に遠ざかるまでその船舶を避航する。

(2)　避航の間に両船の方位にどのような変化があっても避航義務を負う。

(3)　追い越される船舶を安全な距離を保って追い越す。

(4)　追い越される船舶を追い越して十分に遠ざかるまで，その船首方向を横切ってはならない。

(5)　極めて狭い水道や航路筋，前路の見通しの悪い水域，航路の交差部，潮流の激しい水域，その他安全に追い越す余地がない水域においては追越し

をしない。

(6) 追越し船が動力船の場合
- 他の船舶も動力船の場合，風潮流などに留意し，左げん側を追い越す（右げん側を追い越すと他の船舶の右転を圧迫することになる）。
- 他の船舶が帆船の場合，風圧差や左右の水域の広狭，障害物の有無，周囲の状況を考慮して，その風上又は風下のいずれを追い越すか決定する。

(7) 追越し船が帆船の場合
- 他の船舶が動力船であるか，帆船であるかに応じて，上記同様の注意を払い，風上風下のどちらを追い越すか決定する。

(8) 狭い水道等や航路筋での追越し時の注意
- なるべく幅の広い，できれば直状水路で，反航船のいない時期を選んで，右側航行している他の船舶の左げん側を追い越す。
- わん曲部で追い越す場合は，十分な余地のあるときのみ。
- 追い越すために左側に進出し反航船の航行を妨げてはならない。
- 追い越される船舶の追越し同意の動作を得て追い越す場合，本法第9条第4項の規定により，追越し信号を行い同意の信号とその動作を得たうえで追い越す。

(9) 避航動作として転針しているときは，操船信号を吹鳴する。また，必要な場合には，警告信号，注意喚起信号を吹鳴する。

(10) 特別の規定がある場合は，その規定が優先する。

■ 第14条 行会い船

> **第14条** 2隻の動力船が真向い又はほとんど真向いに行き会う場合において衝突するおそれがあるときは，各動力船は，互いに他の動力船の左げん側を通過することができるようにそれぞれ針路を右に転じなければならない。ただし，第9条第3項，第10条第7項又は第18条第1項若しくは第3項の規定の適用がある場合は，この限りでない。
>
> 2　動力船は，他の動力船を船首方向又はほとんど船首方向に見る場合において，夜間にあっては当該他の動力船の第23条第1項第1号の規定によるマスト灯2個を垂直線上若しくはほとんど垂直線上に見るとき，又は両側の同

項第2号の規定によるげん灯を見るとき，昼間にあっては当該他の動力船を
これに相当する状態に見るときは，自船が前項に規定する状況にあると判断
しなければならない。
3　動力船は，自船が第1項に規定する状況にあるかどうかを確かめることが
できない場合は，その状況にあると判断しなければならない。

立法趣旨

　互いに他の船舶の視野の内にある2隻の動力船が行き会いの状況となった場合，
両船が非常に短時間で接近するため，最も危険な関係であり，また衝突が発生し
た場合には大きな被害が発生するおそれがあるので，十分に余裕のある時期に，
互いに大きく右転することにより安全な距離を保って航過するようにしたもの。

解説　**1**　「行会い船」とは（第1項）

　2隻の動力船が真向い又はほとんど真向いに行き会う場合で，「衝突のお
それ」があるとき，当該2隻の動力船をいう。

2　行会い船の避航義務（第1項）

　2隻の動力船が，行き会う状態にあって「衝突のおそれ」があるときは，
各動力船は，互いに他の動力船の左げん側を通過できるように，針路を右に
転じなければならない。

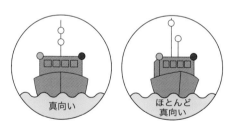

真向い　　ほとんど真向い

図2-30　行　会　い　船

　ただし，第9条第3項（狭い水道等における漁ろうに従事している船舶と
他の船舶との航法），第10条第7項（通航路（分離通航方式）における漁ろ
うに従事している船舶と他の船舶との航法），第18条第1項（動力船の避航
義務）及び第18条第3項（漁ろうに従事している船舶の避航義務）の規定の
適用がある場合，これらの規定が優先して適用される。

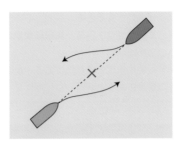

図 2-31　行会い船の航法

　また，本法に規定する航法の中で，本条の航法が他の航法と異なっている点として，

➤ 2隻の動力船が，対等の立場で，双方に避航義務があること。

➤ 避航方法について，「針路を右に転じなければならない。」と具体的に明示していること。

3 **行会いの判断（第2項）**

　行会いとは，2隻の動力船が真向い又はほとんど真向いに行き会う場合で，

➤ 2隻の動力船が互いに自船の正船首方向に他の動力船の正面又はほとんど正面を視認している状態

➤ 昼間にあっては，進行方向に向かって自船のマストと他の動力船のマストを一直線上又はほとんど一直線上に見る場合

➤ 夜間にあっては，他の動力船のマスト灯2個を垂直線上に見る場合，又は左右のげん灯を同時に見る場合

　注意点としては，

➤ マスト灯2個を表示しなくてもよい長さ50メートル未満の動力船の場合，マスト灯のみの見え方では判断ができないので，げん灯の見え方で判断する必要がある。

➤ げん灯の射光範囲（規則第5条第4項，1972年国際海上衝突予防規則付属書Ⅰ灯火及び形象物の技術基準9（a））は，構造上，正船首方向を超えて反対げん側へ3度まで射光することが認められているので，左右のげん灯を同時に見る場合でも，実際には他の動力船の正面を見ているとは限らず，正面から多少ずれている場合がある。

➤ 灯火の見え具合は，気象・海象の状況，自船及び他の動力船の針路の安定性等によって確認しにくい場合がある。

4 行会いかどうか確かめることができない場合（第3項）

　自船が他の動力船を真向い又はほとんど真向いに行き会う場合であるかどうか確かめることができない場合，行き会う状態であると判断しなければならない。

5 他の船舶との状況判断が異なることによる危険

　ほとんど真向いに行き会う状況において，他の動力船と自船の状況判断が異なったことにより，衝突を生じやすい例を以下に示す。

(1)　両船の針路が平行し，その離隔距離が少なく，右げん対右げんで行き過ぎるような場合

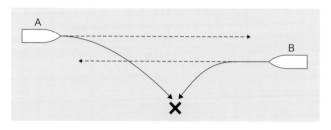

図 2-32

A動力船は，ほとんど真向いと判断して右転し，B動力船は，そのまま航過していくものとして針路を保持，又は両船間の離隔距離を広げようとして左転するとき。

(2)　両船の針路が，右げん対右げんの小角度で交差し，かつ，1船がその交差点に位置する場合

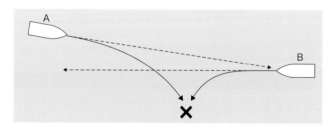

図 2-33

A動力船は，ほとんど真向いと判断して右転し，B動力船は，そのまま右げん対右げんで航過するものと考えて航行し，航過時の両船間の離隔距離を広げようとして左転するとき。

(3)　両船の針路が平行に近く，小角度で交差し，両船のうちの1船が既に交差点を通過している場合

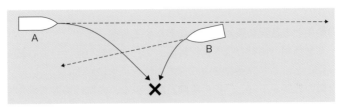

図2-34

A動力船は，ほとんど真向いと判断して右転し，B動力船は，そのまま右げん対右げんで航過するものと考えて航行し，航過時の両船間の離隔距離を広げようとして左転するとき。

■ 第15条　横切り船

> **第15条**　２隻の動力船が互いに進路を横切る場合において衝突するおそれがあるときは，他の動力船を右げん側に見る動力船は，当該他の動力船の進路を避けなければならない。この場合において，他の動力船の進路を避けなければならない動力船は，やむを得ない場合を除き，当該他の動力船の船首方向を横切ってはならない。
> ２　前条第１項ただし書の規定は，前項に規定する２隻の動力船が互いに進路を横切る場合について準用する。

🔍 立法趣旨

　２隻の動力船の横切り状態においては，特に操縦性能に優劣がないので，右側通航の原則を適用し，かつ，他の動力船の船尾側を航過することによって安全に衝突を回避できるように，他の動力船を右側に見る動力船が避航しなければならないとしたもの。

解説 **1** 「横切り船」とは

2隻の動力船の進路が交差し，「衝突のおそれ」がある場合であって，追越しの関係及び行会いの関係以外の状態にある動力船をいう。

横切り船の航法が適用される要件としては，

➢ 2隻の動力船が互いに他の船舶の視野の内にあること。

➢ 2隻の動力船がほぼ一定の針路及び速力で航行し，その針路が交差しており，「衝突のおそれ」があること。

➢ 他の船舶を右げん側に見る動力船が避航動作をとるのに十分な時間的，距離的な余裕があること。

➢ 当該2隻の動力船の付近に関連する第三船等が存在せず，またその付近の水域に航行上の制約がないこと。

上記の4要件をすべて満たした場合に，横切り船の航法が適用される。

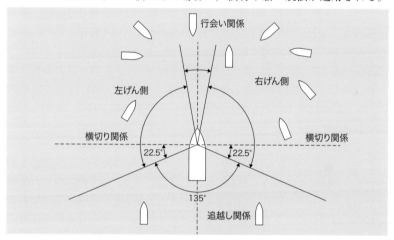

図2-35　見合い関係

2 横切り船の避航義務（第1項前段）

避航動作をとる場合には，第8条（衝突を避けるための動作）及び第16条（避航船）の規定に従ったものでなければならない。

具体的には，

➢ 右転して左げん対左げんでの航過

➢ 減速する

> ➢ 針路及び速力の変更
> ➢ 急激な左転（注意喚起信号の吹鳴により他の動力船へ注意喚起）

が考えられる。それぞれの避航動作をとる場合には，第34条に規定された操船信号又は第36条に規定された注意喚起信号等により他の動力船に自船の意図を知らせる必要がある。

　横切り関係か行会い関係か確かめることができない場合は，第14条第3項により，行会い関係にあると判断し，適切な動作をとらなければならない。また，横切り関係か追越し関係か確かめることができない場合も，第13条第3項により，追越し関係にあると判断し，適切な動作をとらなければならない。

3　他の船舶の船首方向の横切りの制限（第1項後段）

　横切り関係において，衝突を避けるためには，他の動力船の船尾方向を横切る方法，他の動力船の船首方向を横切る方法，速力を減じる方法，速力と針路の変更などが考えられる。他の動力船の船尾方向を横切るには，針路を右に転じること又は減速することにより容易に「衝突のおそれ」を解消することができる。一方，他の動力船の船首方向を横切るには，速力を相当増大しなければ，「衝突のおそれ」は解消できない。通常，航行中の大型船舶は，速力を短時間に増大させることが能力的に困難なこと，万が一衝突した場合には被害が拡大する等のことから，原則として，他の動力船の船首方向の横切りを禁止している。

　ただし，「やむを得ない場合」には，他の動力船の船首方向の横切りが許されている。ここでいう「やむを得ない場合」とは，他の動力船との衝突を避ける手段として，船首方向の横切り以外の手段がないような場合である。具体的には，自船の速力に相当の余裕があり，かつ，他の動力船の後方に多数の船舶がある場合であって，他の動力船の船尾方向を横切ることによって，他の第三船と新たな衝突の危険を生じるような場合である。

4　横切り船の航法の適用除外（第2項）

　第14条第1項のただし書が準用されるので，以下の規定が優先して適用され，横切り船の航法は適用されない。

> ➢ 第9条第3項（狭い水道等における漁ろうに従事している船舶と他の船舶との航法）
> ➢ 第10条第7項（通航路（分離通航方式）における漁ろうに従事している船舶と他の船舶との航法）

➢ 第18条第1項（動力船の避航義務）
➢ 第18条第3項（漁ろうに従事している船舶の避航義務）

第16条　避　航　船

第16条　この法律の規定により他の船舶の進路を避けなければならない船舶（次条において「避航船」という。）は，当該他の船舶から十分に遠ざかるため，できる限り早期に，かつ，大幅に動作をとらなければならない。

⚲ 立法趣旨

他の船舶との衝突を避けるための避航船の避航動作について，第8条（衝突を避けるための動作）で規定されている事項について，再度，避航船の義務として明確にしたもの。

解説　**1** 避航船の動作

避航船の避航動作としては，

(1) 針路の変更
(2) 速力の変更
(3) 針路及び速力の変更

の方法が考えられるが，いずれの方法をとるにしても，保持船（法第17条に規定するもの）に誤解を

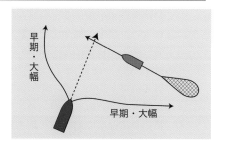

図2-36　避航船の動作

与えないようにできる限り早期に，かつ，大幅に動作をとらなければならない。

針路の変更による避航の具体的な動作としては，他の船舶の船首方向を通過（第15条第1項の場合を除く）するか，船尾方向を通過するかであるが，その判断は船舶の運航者に委ねられている。ただし，他の船舶の船首方向を通過する場合，周囲の状況，両船の操縦性能の差等を十分に考慮して，慎重に判断しなければならない。

2 「できる限り早期に，かつ，大幅に動作をとらなければならない」とは

　避航船が避航動作をとる場合，気象・海象，昼夜の別，第三船の存在等の周囲の状況，自船の操縦性能等から判断して，時間的に十分余裕のある時期に行い，かつ，保持船（第17条に規定するもの）が，自船の意図を十分に認識できるように大幅に行わなければならない（23頁第8条衝突を避けるための動作参照）。

3 この法律の規定により他の船舶の進路を避けなければならない船舶

　本法において，船舶に避航義務を課している規定は，

(1)　第9条第2項：狭い水道等において帆船の進路を避けなければならない航行中の動力船

(2)　第9条第3項：狭い水道等において漁ろうに従事している船舶の進路を避けなければならない航行中の船舶

(3)　第10条第6項：分離通航方式の通航路において帆船の進路を避けなければならない航行中の動力船

(4)　第10条第7項：分離通航方式の通航路において漁ろうに従事している船舶の進路を避けなければならない航行中の船舶

(5)　第12条第1項第1号：右げんに風を受ける帆船の進路を避けなければならない左げんに風を受ける帆船

(6)　第12条第1項第2号：風下の帆船の進路を避けなければならない風上の帆船

(7)　第12条第1項第3号：風上の帆船の進路を避けなければならない左げんに風を受ける帆船

(8)　第13条第1項：追い越される船舶の進路を避けなければならない追越し船

(9)　第15条第1項：右げん側に見る他の動力船の進路を避けなければならない航行中の動力船

(10)　第18条第1項：運転不自由船，操縦性能制限船，漁ろうに従事している船舶及び帆船の進路を避けなければならない航行中の動力船

(11)　第18条第2項：運転不自由船，操縦性能制限船及び漁ろうに従事している船舶の進路を避けなければならない航行中の帆船

(12)　第18条第3項：運転不自由船及び操縦性能制限船の進路をできる限り避けなければならない漁ろうに従事している船舶

4 保持船による避航動作と避航船の避航義務

1972年国際海上衝突予防規則第17条(d)は，「保持船が同規則第17条に規定されている動作をとったからといって，避航船の避航義務を免除するものではない」と規定している。本法には，明確に条文としてこのようなものは規定されていないが，避航船の避航義務が免除されないことに留意しなければならない。

6度1割の法則

この法則は，ある半径Rの円の中に6度の角度をとるとその弧の長さがRの約1割になるというものである。

例えば，前方10海里（R）にある物件を正横航過距離1海里（R/10）で避航するためには，現在の針路から右若しくは左に6度変針すればよい。障害物や他の船舶を避ける正横航過距離を把握する場合に，物件までの距離と変針角によって簡単に求めることができる。

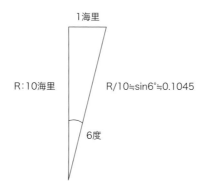

1海里

R:10海里   R/10≒sin6°≒0.1045

6度

例
・前方5海里にある物件について，現在の針路から6度変針すると正横航過距離は0.5海里となる。5/10×1＝0.5
・前方10海里にある物件を正横航過距離3海里で避航するには，現在の針路から18度変針すればよい。10/10＝1　3/1＝3　3×6＝18
・前方15海里にある物件を正横航過距離3海里で避航するには，現在の針路から12度変針すればよい。15/10＝1.5　3/1.5＝2　2×6＝12

第17条　保 持 船

第17条　この法律の規定により２隻の船舶のうち１隻の船舶が他の船舶の進路
を避けなければならない場合は，当該他の船舶は，その針路及び速力を保
たなければならない。
2　前項の規定により針路及び速力を保たなければならない船舶（以下この条
において「保持船」という。）は，避航船がこの法律の規定に基づく適切な
動作をとっていないことが明らかになった場合は，同項の規定にかかわら
ず，直ちに避航船との衝突を避けるための動作をとることができる。この
場合において，これらの船舶について第15条第１項の規定の適用があると
きは，保持船は，やむを得ない場合を除き，針路を左に転じてはならない。
3　保持船は，避航船と間近に接近したため，当該避航
船との衝突を避けることができないと認める場合は，第１項の規定にかかわ
らず，衝突を避けるための最善の協力動作をとらなければならない。

立法趣旨

　本法において，２隻の船舶間に見合い関係が発生し，「衝突のおそれ」が生じ
た場合（第14条行会い船に規定する場合を除く），その一方の船舶（避航船）に
他の船舶（保持船）の進路を避けさせることとしている。他の船舶の進路を避け
なければならない船舶（避航船）が，他の船舶から進路を避けてもらう船舶（保
持船）の状態の推移を確実に予測できるように針路及び速力の保持，衝突回避動
作等について規定したもの。

解説　**1** 「針路及び速力の保持（第１項：強制規定）」とは

　避航船が「保持船が針路及び速力を保持（継続）している」ことを認識で
きる状態のことである。必ずしも，保持船が一定の針路及び速力を保持（継
続）していることではなく，保持船がその時の状況に応じて航行するために，
針路及び速力を保持（継続）していることである。
　「針路の保持」とは，保持船のコンパス針路の保持を意味するものではな
く，自船の運航上の行動を実現するために必要な船首方向を保持することで
ある。具体的には，狭い水道等のわん曲部等において航行中に，わん曲に沿

って針路をとること，小型船舶が風浪のため針路が一定しない場合等は，「針路を保持」していることになる。

「速力の保持」とは，人為的な操作でもって速力を変更しないことである。速力が法令で規定され（海上交通安全法の規定する速力制限のある航路等）又は適切な船舶の運用として減速することを要求されるような水域に進入するような場合（狭い水道等又は港内への進入）の減速，小型船舶が風浪のため速力が一定しない場合等は，速力の変更にはあたらない。

なお，自船の針路及び速力を保持すべき保持船の義務は，保持船の進路を避けなければならない避航船の避航義務と同等である。

2 **保持船のみによる衝突回避動作（第2項：任意規定）**

⑴ **「適切な動作をとっていないことが明らかになった場合」及びその時の航法**

「適切な動作をとっていないことが明らかになった場合」とは，避航船が保持船と「衝突のおそれ」があるにもかかわらず，第8条（衝突を避けるための動作）の規定「できる限り，十分に余裕のある時期に，船舶の運用上の適切な慣行に従ってためらわずに」及び第16条（避航船）の規定「できる限り早期に，かつ，大幅に動作をとらなければならない」に従った動作をとっていないことが明白になった場合である。

第2項の規定は，任意規定である。VLCC（Very Large Crude Oil Carrier）等の旋回半径が大きく，かつ，停止距離の長い船舶が保持船となった場合，避航船が適切な避航動作をとっていなくても，保持船に厳格に針路及び速力の保持義務を課すと，避航船と間近に接近した状態になって，保持義務を解除しても，衝突を回避するための十分な動作をとることができず，衝突を避けることができない可能性がある。このような事態の発生を防ぐため，避航船が衝突を避けるための適切な動作をとっていないことが明らかになった時点で，直ちに避航船との衝突を避けるための回避動作をとることができる。この場合の衝突回避動作は，第8条（衝突を避けるための動作）の規定に従った適切なものでなければならない。

⑵ **「左転の禁止」**

保持船は避航船が適切な避航動作をとっていないことが明らかになった場合は，直ちに衝突を避けるための動作をとることができるが，2隻の船舶間が横切りの関係の場合，避航船の避航方法は，船首方向の航行（通過）の禁止（第15条第1項）に反しない限り，どのような動作をとることも許される

が，その時の状況に最も適切な避航動作をとらなければならない。この場合，避航船は保持船の船首方向を通過するという最も危険な方法を避け，保持船の船尾方向を通過するために右転するのが通常である。このように，避航船は一般的に右転して避航するのが適切な運用方法であるので，避航時期の判断が遅くなったとしても最終的には右転して避航しようとすることが十分考えられる。この場合において保持船が左転することにより避航船を避けようとすると，「衝突の危険」が増すことになるので，原則として保持船の左転を禁止している。

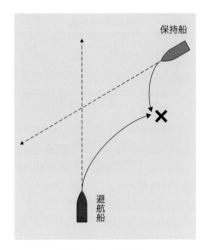

図 2-37　左転禁止

3　最善の協力動作（第3項：強制規定）

　何らかの事由により，避航船と保持船が間近に接近し，避航船の動作のみでは，衝突を避けることができないと認めるときは，保持船は衝突を避けるための最善の協力動作をとらなければならない。この場合，保持船は，針路及び速力の保持義務から離れ，積極的に衝突回避動作をとらなければならない。協力動作の方法について，第17条には明文の規定はない。この理由は，明文規定による規制よりも，船舶の運航者の自由な判断に委ねた方が，臨機の措置が適切にとられ，本質上，衝突回避に有効であるとのことからである。

　その衝突回避動作は，第8条（衝突を避けるための動作）の規定に従った適切なものでなければならない。具体的な方法としては，機関の停止，後進の使用，投びょう等である。

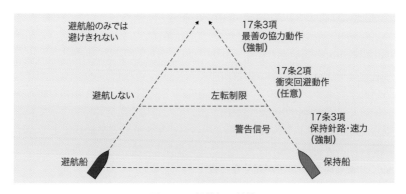

図2-38　保持船の航法

　最善の協力動作をとる時期は，「避航船のみの動作では衝突を避けることができないと認める時期」であるので，大型船舶と小型船舶では，それぞれの操縦性能の差によって，その認識時期が異なる（図2-39参照）ことから，大型船舶が保持船となった場合，非常に困難な立場となる。保持船である大型船舶の措置が早期に失すれば，「新たな衝突の危険」を発生させ，遅きに失すれば衝突回避に実効がなくなる。よって，第2項及び第3項の動作をとる場合には，自船の操縦性能（最短停止距離，旋回性能等）を十分に把握しておくとともに，VHF交信を積極的に活用して自船又は他の船舶の意図を2船間で共有して，早期に適切な動作をとることができるようにしておく必要がある。

　例　予防法第15条　横切り船の航法の場合

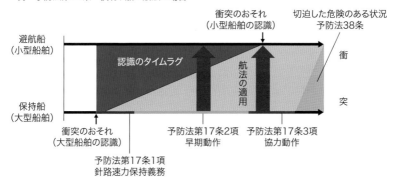

図2-39　大型船舶と小型船舶の認識の差

4 「無難に航過する」と「新たな衝突の危険」

　最もわかりやすく説明するために，第15条横切り船の航法を基に説明する。
小型船舶が大型船舶を右に見る横切り関係において小型船舶が「衝突のおそ
れ」を認識するまでの間，大型船舶が先に自船の操縦性能等から「衝突のお
それ」を認識し，保持船として第17条に基づいて，まず第１項の針路・速力
を保持し，その後，小型船舶が法に基づいた適切な避航動作をとっていない
場合，「警告信号」を吹鳴し，第２項の保持船のみの避航動作をとるか小型
船舶の避航を期待し続行するか，さらに小型船舶が進行して避航動作を取ら
ない場合には第３項の最善の協力動作をとることになる。

　横切りの関係にある場合，船首方向又は船尾方向を小型船舶がどれくらい
の距離で航過していくのかは，レーダーのARPA情報やAIS情報を用いる
ことで知ることが可能であるが，大型船舶にとってはその航過距離が，自船
の操縦性能及び構造によるブラインドゾーン等から見て「無難に航過する」
といえる距離ではない場合と判断し，大型船舶が第２項の保持船のみの避航
動作をとったことが小型船舶と「無難に航過する」はずであったのに，「新
たな衝突の危険」を生じさせたとして，大型船舶の立場が保持船から避航船
へと真逆になる。

　「無難に航過する」とは，２隻の動力船が針路・速力とも保持しているこ
とによって，衝突せずに航過する状態のことである。小型船舶，特にプレジ
ャーボートや漁船等は，船舶の大きさと操縦性能から大型船舶が避けてほし
いと考えるような距離では避航動作をとらないことが多く，また，その針
路・速力も一定のまま航行することもあるが，針路・速力ともに容易に変更
可能なので，大型船舶の運航者が小型船舶の航行を予測することが困難であ
り，現場においては，容易に「無難に航過する」と判断することができない。

　「新たな衝突の危険」とは，「無難に航過する」状態であったにもかかわら
ず，何らかの動作をとったことにより，他の船舶に対して「衝突の危険」を
生じさせた状態のことであり，避航義務は，「新たな衝突の危険」を生じさ
せた側にある。

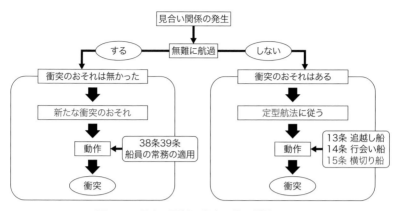

図 2-40　見合い関係の発生以後の判断の流れ

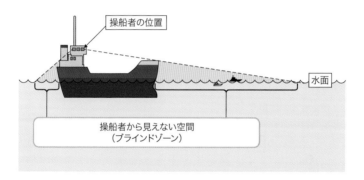

図 2-41　ブラインドゾーン

表 2-3　ブラインドゾーンの例

船種	全長	総トン数	ブラインドゾーン
コンテナ船	110.72m	2500 GT	145 m
コンテナ船	96.81m	749 GT	132 m
コンテナ船	80.00m	499 GT	105 m
タンカー	333m	30万 GT	404 m（バラスト時）

第18条　各種船舶間の航法

第18条　第9条第2項及び第3項並びに第10条第6項及び第7項に定めるもの
のほか，航行中の動力船は，次に掲げる船舶の進路を避けなければならない。
(1)　運転不自由船
(2)　操縦性能制限船
(3)　漁ろうに従事している船舶
(4)　帆船
2　第9条第3項及び第10条第7項に定めるもののほか，航行中の帆船（漁ろ
うに従事している船舶を除く。）は，次に掲げる船舶の進路を避けなければ
ならない。
(1)　運転不自由船
(2)　操縦性能制限船
(3)　漁ろうに従事している船舶
3　航行中の漁ろうに従事している船舶は，できる限り，次に掲げる船舶の進
路を避けなければならない。
(1)　運転不自由船
(2)　操縦性能制限船
4　船舶（運転不自由船及び操縦性能制限船を除く。）は，やむを得ない場合
を除き，第28条の規定による灯火又は形象物を表示している喫水制限船の
安全な通航を妨げてはならない。
5　喫水制限船は，十分にその特殊な状態を考慮し，かつ，十分に注意して航
行しなければならない。
6　水上航空機等は，できる限り，すべての船舶から十分に遠ざかり，かつ，
これらの船舶の通航を妨げないようにしなければならない。

立法趣旨

　本法の原則は，「状態の異なる船舶間では，操縦性能の優れている船舶が操縦
性能の劣っている船舶の進路を避ける」である。本条は，この航法の基本原則を
より具体的，明確に規定することによって，徹底させ，衝突の防止を図るもので
ある。

船舶の種類

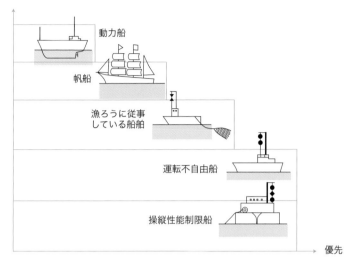

図2-42　各種船舶間の優先関係

| 解説 | **1 第18条と第9条，第10条及び第13条の関係**

(1) **第18条と第9条及び第10条の関係**

　第18条は，互いに他の船舶の視野の内にある船舶の一般的な航法を定めたものであり，すべての水域において適用される。一方，第9条は「狭い水道等における航法」，第10条は「分離通行方式」における航法を規定したもので，特定の水域にある船舶について航法を規定しているものである。第18条の規定が一般的な航法であり，第9条及び第10条が特別の水域における航法という関係である。ただし，「操縦性能の優れている船舶が操縦性能の劣っている船舶の進路を避ける」という航法の基本原則は共通している。

(2) **第18条と第13条の関係**

　第13条は，「この法律の他の規定にかかわらず」と規定されているとおり，第18条の規定に優先して適用される。

2 動力船の避航義務（第1項）

　航行中の動力船（漁ろうに従事している船舶を除く。）は，互いに他の船舶の視野の内にある以下の船舶の進路を避けなければならない。ただし，狭い水道等及び分離通航帯においては第9条第2項（狭い水道等における帆船

と動力船との航法），第9条第3項（狭い水道等における漁ろうに従事している船舶と他の船舶との航法），第10条第6項（通航路（分離通航方式）における帆船と動力船との航法）及び第10条第7項（通航路（分離通航方式）における漁ろうに従事している船舶と他の船舶との航法）が適用される。

・運転不自由船
・操縦性能制限船
・漁ろうに従事している船舶
・帆船

3　帆船の避航義務（第2項）

　航行中の帆船（漁ろうに従事している船舶を除く）は，互いに他の船舶の視野の内にある以下の船舶の進路を避けなければならない。ただし，狭い水道等及び分離通航帯においては第9条第3項（狭い水道等における漁ろうに従事している船舶と他の船舶との航法）及び第10条第7項（通航路（分離通航方式）における漁ろうに従事している船舶と他の船舶との航法）が適用される。

・運転不自由船
・操縦性能制限船
・漁ろうに従事している船舶

4　漁ろうに従事している船舶の避航義務（第3項）

(1)　**漁ろうに従事している船舶と運転不自由船及び操縦性能制限船との航法**

　航行中の漁ろうに従事している船舶は，互いに他の船舶の視野の内にある以下の船舶の進路を避けなければならない。

・運転不自由船
・操縦性能制限船

(2)　**「できる限り」とは**

　漁ろうに従事している船舶も漁具等により操縦性能が制限されている船舶であり，その制限が著しい場合は，他の船舶の進路を避けることが困難な場合があることを考慮したものであり，このような場合まで漁ろうに従事している船舶に避航義務を課すものではない。

5　喫水制限船に関する航法（第4項及び第5項）

(1)　**船舶（運転不自由船及び操縦性能制限船を除く）と喫水制限船との関係**

　喫水制限船は，喫水と水深との関係でその針路から離れることを著しく制限されている。喫水制限船が，特別の保護を受けるためには，第28条の規定

による灯火（紅色全周灯3連掲）又は形象物（黒色円筒形1個掲揚）を表示しなければならない。

　上記の灯火又は形象物を掲げた船舶を見た場合には、やむを得ない場合を除き、その安全な通航を妨げないようにしなければならない。

(2)　喫水制限船の航行上の注意

　喫水制限船には特別の保護が与えられている。一方、その制約を受けた状態に対応して注意義務も付加されており、自船の状態を十分に考慮して見張り及び速力等の運航にかかわる事項について、必要な措置をとらなければならない。

　また、喫水制限船は、通航を妨げられていない場合（通航可能な水域の余地がある場合）、動力船として、帆船、運転不自由船、操縦性能制限船及び漁ろうに従事している船舶の進路を避けなければならない。

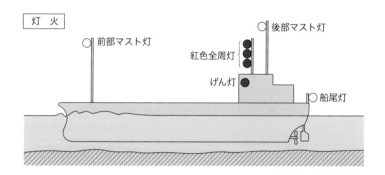

灯　火

前部マスト灯
後部マスト灯
紅色全周灯
げん灯
船尾灯

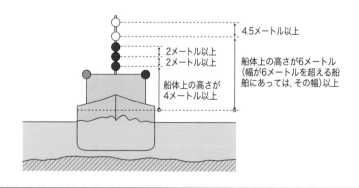

4.5メートル以上
2メートル以上
2メートル以上
船体上の高さが4メートル以上
船体上の高さが6メートル（幅が6メートルを超える船舶にあっては、その幅）以上

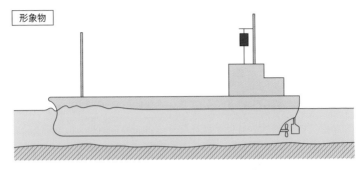

図 2-43　喫水制限船の灯火及び形象物

6　水上航空機等がすべての船舶の通航を妨げない義務（第6項）

(1)　水上航空機の航法

　水上航空機は，第3条第1項において，本法の適用において「船舶」として扱われ，水上にある場合には，同条第2項に規定される「動力船」に該当する。よって，水上航空機が他の船舶と「衝突のおそれ」が生じるような見合い関係となった場合，水上航空機は，「船舶」として本法第2章の航法規定に従わなければならない。

　一方，水上航空機は，その構造，操縦性能等は一般の船舶とは相当異なっており，特に，離水又は着水のための滑走中はその進路を容易に変更することができない。したがって，一般の船舶とできる限り見合い関係を生じさせないようにするために，予め一般の船舶から十分に遠ざけ，かつ，これらの船舶の通航を妨げないようにすることによって他のすべての船舶との衝突の予防を図っている。

(2)　表面効果翼船の航法

　表面効果翼船についても，離水又は着水のための滑走，また水面に接近して飛行している状態等の特殊性があり，特に高速力での進行を伴うので，一般の船舶とできる限り見合い関係を生じさせないようにするために，予め一般の船舶から十分に遠ざけ，かつ，これらの船舶の通航を妨げないようにすることによって他のすべての船舶との衝突の予防を図っている。

第3節　視界制限状態における船舶の航法（航行規則）

■ 第19条　視界制限状態における船舶の航法

第19条　この条の規定は，視界制限状態にある水域又はその付近を航行している船舶（互いに他の船舶の視野の内にあるものを除く。）について適用する。
2　動力船は，視界制限状態においては，機関を直ちに操作することができるようにしておかなければならない。
3　船舶は，第1節の規定による措置を講ずる場合は，その時の状況及び視界制限状態を十分に考慮しなければならない。
4　他の船舶の存在をレーダーのみにより探知した船舶は，当該他の船舶に著しく接近することとなるかどうか又は当該他の船舶と衝突するおそれがあるかどうかを判断しなければならず，また，他の船舶に著しく接近することとなり，又は他の船舶と衝突するおそれがあると判断した場合は，十分に余裕のある時期にこれらの事態を避けるための動作をとらなければならない。
5　前項の規定による動作をとる船舶は，やむを得ない場合を除き，次に掲げる針路の変更を行ってはならない。
⑴　他の船舶が自船の正横より前方にある場合（当該他の船舶が自船に追い越される船舶である場合を除く。）において，針路を左に転じること。
⑵　自船の正横又は正横より後方にある他の船舶の方向に針路を転じること。
6　船舶は，他の船舶と衝突するおそれがないと判断した場合を除き，他の船舶が行う第35条の規定による音響による信号を自船の正横より前方に聞いた場合又は自船の正横より前方にある他の船舶と著しく接近することを避けることができない場合は，その速力を針路を保つことができる最小限度の速力に減じなければならず，また，必要に応じて停止しなければならない。この場合において，船舶は，衝突の危険がなくなるまでは，十分に注意して航行しなければならない。

立法趣旨

視界制限状態で航行している場合，他の船舶の位置，動向については，レーダーや聴覚による方法その他の方法で知ることが可能であるが，他の船舶の視野の内にある場合の航法の基本原則（右側航行，操縦性能の優れている船舶が，操縦性能の劣っている船舶の進路を避ける等）に従って航行することに加えて，特に視界制限状態における航法として必要な事項を明確に規定したもの。

解説 **1** 「視界制限状態にある水域又はその付近を航行している船舶（第1項）」への適用

　視界制限状態にある船舶に本条が適用されるのは当然であるが，視界が制限されている付近を航行している船舶（互いに他の船舶の視野の内にない状態）にも本条が適用される。互いに他の船舶の視野の内にない場合には，操船信号及び警告信号（第34条）を行ってはならない。

　注意する点として，視界が制限されていても，互いに他の船舶の視野の内となった場合には，本条ではなく，第2節「互いに他の船舶の視野の内にある船舶の航法」の規定が適用される。しかし，霧等によってまったく見えないような場合を除いた視界が著しく悪い水域において，2隻の船舶が至近距離において互いに他の船舶を視認した場合，第2節の航法を履行する余裕がない場合，第38条（切迫した危険のある特殊な状況）によった動作をとらなければならない。そのためには，その時の状況に適した安全な速力での航行が非常に重要となる（**2**参照）。

2 「機関を直ちに操作することができる（第2項）」状態とは

　視界制限状態においては，他の船舶との衝突を避けるため，機関を直ちに停止させ，又は後進をかけるなどの機関の操作が必要になる。具体的には，船橋において当直に従事している者が，船長への報告（外航船舶では概ね視程3海里以下になった場合），視界制限状態になりそうである旨を機関長若しくは機関室当直者へ連絡（機関を準備するには時間がかかるので，できるだけ早期に連絡することが望ましい）し，機関を操作することができるように，S/B Eng.とすることである。

　本条では，機関の操作のみを規定しているが，1972年国際海上衝突予防規則第19条(b)は，推進機関の操作のみではなく，「その時の状況及び視界が制限されている状態に応じた安全な速力で進行しなければならない。（付録19頁参照）」と視界制限状態における速力について規定し，船舶の運航者に視界制限状態における安全な速力について重ねて注意するように促している。

　船舶の運航者は，運航スケジュールを維持しなければならない商業圧力（コマーシャルプレッシャー）のため，視界制限状態で速力を適切な範囲に減じることをためらうかもしれないが，十分な機関性能を持ち，レーダーを複数装備し適切な使用（専従の適切な能力のある観察員の配置等）をしている場合であっても，船舶交通のふくそうする水域，小型漁船が複数操業している水域等においては，視界制限状態において高速力（Nav. Full Ahead 又

は Sea Going Speed）で航行することは正当化されない。

3 第1節「あらゆる視界の状態における船舶の航法」の措置を講ずる場合の措置（第3項）

　視界制限状態では，互いに他の船舶を視認することができないという特殊な状況にあるので，第1節の航法の規定による措置をとる場合は，特にその時の状況及び視界が制限された状態を十分に考慮して行うことが必要である。

　「その時の状況」とは，船舶の種類及び大小，喫水の状態，推進装置の種類，操縦性能，装備している航海計器の状況，積荷の種類及び積載状況，他の船舶交通のふくそう状況，水域の広狭，障害物の有無等のことである。

　具体的な措置としては，適切な見張りを維持するため見張り員の増員，レーダー観察のため適格者の配置，速力の低減による航行，視程の変化の観察，その時の状況に適した航海計器の活用（VHF，AIS 等）等である。

4 「レーダーのみで他の船舶の存在を探知した船舶（第4項)」の措置

　他の船舶の存在をレーダーのみで探知した船舶は，第7条（衝突のおそれ）の規定に従い，レーダープロッティング等の手段（18頁第7条参照）により，

　　・他の船舶に著しく接近する（船舶同士が非常に接近する）こととなるかどうか
　　・他の船舶と衝突のおそれがあるかどうか
の判断をしなければならない。

　船舶の運航者は，他の船舶と著しく接近する又は衝突のおそれがあると判断した場合，十分に余裕のある時期にこれらの事態を避けるために必要な動作をとらなければならない。

　具体的には，自船の速力を減じること，必要に応じて停止すること，第5項で禁止されている針路の変更以外の針路の変更，自船の存在を他の船舶に知らせるための汽笛の吹鳴等，その船舶が置かれている状況に応じて

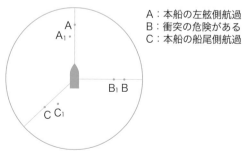

A：本船の左舷側航過
B：衝突の危険がある
C：本船の船尾側航過

図2-44　レーダーのみにより探知した他の船舶の動静判断

臨機応変に対応する必要がある。また，これらの動作は，「衝突のおそれ」を避けるためでなく，「著しく接近すること」をも避けるための動作である点に注意する必要がある。

5 「レーダーのみにより探知した船舶が針路の変更を行う場合（第5項）」の制限

やむを得ない場合を除き，以下の針路の変更を行ってはならない。

(1) 自船により追い越される船舶以外の船舶が正横より前方にある場合，針路を左に転じること。

(2) 自船の正横又は正横より後方にある他の船舶の方向に針路を転じること。

(1) 自船により追い越される船舶以外の船舶が正横より前方にある場合，針路を左に転じること。　(2) 自船の正横又は正横より後方にある他の船舶の方向に針路を転じること。

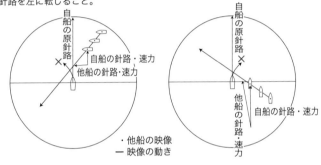

図2-45　一定の針路変更の禁止

6 「自船の正横より前方に音響信号（第35条：霧中信号）を聞いた場合又は自船の正横より前方にある他の船舶と著しく接近することを避けることができない場合（第6項）」の措置

船舶の運航者は，視界制限状態において他の船舶と衝突のおそれ（必ず衝突する状態）がないと明らかに判断できる場合以外は，自船の正横より前方に他の船舶の音響信号を聞いた場合又は自船の正横より前方にある他の船舶と著しく接近することを避けることができないと判断した場合，以下の動作をとらなければならない。

・針路を保つことができる最小限度の速力に減じる（最小舵効速力：運航

者の意思通りに操船できる最小速力）
・必要に応じて停止（他の船舶の動静についての判断に時間的，距離的な余裕ができる）
・衝突の危険（衝突する確率が非常に高い状態）がなくなるまで十分に注意して航行

第3章　灯火及び形象物

第20条　通　　則

> **第20条**　船舶（船舶に引かれている船舶以外の物件を含む。以下この条におい
> て同じ。）は，この法律に定める灯火（以下この項及び次項において「法定
> 灯火」という。）を日没から日出までの間表示しなければならず，また，こ
> の間は，次の各号のいずれにも該当する灯火を除き，法定灯火以外の灯火を
> 表示してはならない。
> ⑴　法定灯火と誤認されることのない灯火であること。
> ⑵　法定灯火の視認又はその特性の識別を妨げることとならない灯火である
> 　こと。
> ⑶　見張りを妨げることとならない灯火であること。
> 2　法定灯火を備えている船舶は，視界制限状態においては，日出から日没ま
> での間にあってもこれを表示しなければならず，また，その他必要と認めら
> れる場合は，これを表示することができる。
> 3　船舶は，昼間においてこの法律に定める形象物を表示しなければならない。
> 4　この法律に定めるもののほか，灯火及び形象物の技術上の基準並びにこれ
> らを表示すべき位置については，国土交通省令1)で定める。

1)　規則第2条，第5条～第15条，第17条

🔍 立法趣旨

　船舶間の衝突を予防するためには，互いに他の船舶の種類及び状態等に関する
情報を得ることが必要である。これらの情報を他の船舶に伝える手段として，船
舶の存在，種類及び状態等の概略を示すことができるように，夜間においては灯
火，昼間においては形象物を規定し表示させるもの。

1 　灯火及び形象物の表示（第1項及び第3項）

　　船舶は，表3-1のとおり，灯火及び形象物を表示しなければならない。

表 3-1　灯火・形象物の表示義務

時　　　　間　　　　帯　　　等			灯火の表示義務	形象物の表示義務
夜　　間	日没から日出までの間		○（あり）	×（なし）
昼　　間	日出から日没までの間	薄明時	○	○
		視　界良好時	×	○
		視　界制限時	○	○
夜　　間	日没から日出までの間	薄明時	○	○
			○	×

　　日出から日没までの間，暗雲がたれ込めていて非常に周囲が見にくくなっている場合等，法定灯火を表示する必要があると認められるときは，法定灯火を表示することができる。

2　表示してはならない灯火（第2項）

　　船舶は，法定灯火以外の灯火を原則として表示してはならないこととなっている。

　　何らかの必要性により，どうしても法定灯火以外の灯火を表示したいときは，次の①～③の要件をすべて満たした灯火に限って表示が認められる。

①　法定灯火と誤認されることのない灯火であること。

　　（例えば，法定灯火の付近に表示される灯火であって，それと同様の色を有するものは誤認される可能性が高い。）

②　法定灯火の視認又はその特性の識別を妨げることとならない灯火であること。

　　（例えば，法定灯火付近において強力な光を発する灯火であって，その法定灯火の色とは違った色に見せるようなものは表示できない。）

③　見張りを妨げることとならない灯火であること。

　　（例えば，船橋付近で強力な光を発し，周囲の視認を困難にするような灯火は表示できない。）

3 灯火・形象物の技術上の基準等（第4項）

灯火及び形象物の技術上の基準及び位置については，規則第2条，第5条から第15条及び第17条（1972年国際海上衝突予防規則は，付属書Ⅰ 灯火及び形象物の技術基準 付録45頁参照）で規定されている。

第21条 定 義

> **第21条** この法律において「マスト灯」とは，225度にわたる水平の弧を照らす白灯であって，その射光が正船首方向から各げん正横後22度30分までの間を照らすように船舶の中心線上に装置されるものをいう。
>
> 2 この法律において「げん灯」とは，それぞれ112度30分にわたる水平の弧を照らす紅灯及び緑灯の1対であって，紅灯にあってはその射光が正船首方向から左げん正横後22度30分までの間を照らすように左げん側に装置される灯火をいい，緑灯にあってはその射光が正船首方向から右げん正横後22度30分までの間を照らすように右げん側に装置される灯火をいう。
>
> 3 この法律において「両色灯」とは，紅色及び緑色の部分からなる灯火であって，その紅色及び緑色の部分がそれぞれげん灯の紅灯及び緑灯と同一の特性を有することとなるように船舶の中心線上に装置されるものをいう。
>
> 4 この法律において「船尾灯」とは，135度にわたる水平の弧を照らす白灯であって，その射光が正船尾方向から各げん67度30分までの間を照らすように装置されるものをいう。
>
> 5 この法律において「引き船灯」とは，船尾灯と同一の特性を有する黄灯をいう。
>
> 6 この法律において「全周灯」とは，360度にわたる水平の弧を照らす灯火をいう。
>
> 7 この法律において「せん光灯」とは，一定の間隔で毎分120回以上のせん光を発する全周灯をいう。

解説 **1** 灯火について

「マスト灯」，「げん灯」，「両色灯」，「船尾灯」，「引き船灯」，「全周灯」及び「せん光灯」について，図3-1に示す。

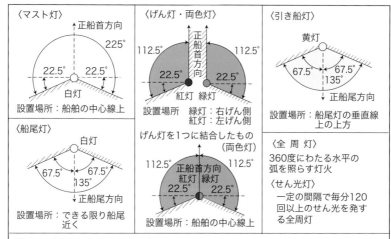

〈マスト灯〉

正船首方向

225°

22.5° 22.5°

白灯

設置場所：船舶の中心線上

〈船尾灯〉

白灯

67.5° 67.5°
135°

正船尾方向

設置場所：できる限り船尾近く

〈げん灯・両色灯〉

正船首方向

112.5° 112.5°

22.5° 22.5°

紅灯 緑灯

設置場所　緑灯：右げん側
　　　　　紅灯：左げん側

げん灯を1つに結合したもの（両色灯）

112.5° 正船首方向 112.5°
紅灯 緑灯
22.5° 22.5°

設置場所：船舶の中心線上

〈引き船灯〉

黄灯

67.5° 67.5°
135°

正船尾方向

設置場所：船尾灯の垂直線上の上方

〈全　周　灯〉

360度にわたる水平の弧を照らす灯火

〈せん光灯〉

一定の間隔で毎分120回以上のせん光を発する全周灯

げん灯及び両色灯は，黒色のつや消し塗装を施した内側隔板を取りつけたものでなければならない。ただし，両色灯については，単一のフィラメントを使用しており，かつ，その紅色の部分と緑色の部分との間の非常に狭い仕切りがある場合は，この限りでない（規則第7条）。

図 3-1　灯　火

② 形象物について

　形象物については，規則第8条（1972年国際海上衝突予防規則付属書Ⅰ 灯火及び形象物の技術基準　6　形象物　付録51頁参照）に規定されている。

〔参考〕　形象物には次の5種類があり，色はすべて黒である（規則第8条）。

球形形象物	円すい形形象物	円筒形形象物	ひし形形象物	円すい形形象物2個をその頂点で上下に結合したもの（鼓形形象物）
0.6m以上	a 0.6m以上	2a a 0.6m以上	a a a 0.6m以上	a a a a 0.6m以上

長さ20メートル未満の船舶が掲げる形象物の大きさについては，当該船舶の大きさに適したものとすることができる。

図 3-2　形象物

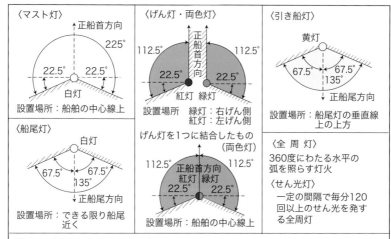

第22条　次の表の上欄に掲げる船舶その他の物件が表示する灯火は，同表中欄に掲げる灯火の種類ごとに，同表下欄に掲げる距離以上の視認距離を得るのに必要な国土交通省令[1]で定める光度を有するものでなければならない。

長さ50メートル以上の船舶（他の動力船に引かれている航行中の船舶であつて，その相当部分が水没しているため視認が困難であるものを除く。）	マスト灯	6海里
	げん灯	3海里
	船尾灯	3海里
	引き船灯	3海里
	全周灯	3海里
長さ12メートル以上50メートル未満の船舶（他の動力船に引かれている航行中の船舶であつて，その相当部分が水没しているため視認が困難であるものを除く。）	マスト灯	5海里（長さ20メートル未満の船舶にあつては，3海里）
	げん灯	2海里
	船尾灯	2海里
	引き船灯	2海里
	全周灯	2海里
長さ12メートル未満の船舶（他の動力船に引かれている航行中の船舶であつて，その相当部分が水没しているため視認が困難であるものを除く。）	マスト灯	2海里
	げん灯	1海里
	船尾灯	2海里
	引き船灯	2海里
	全周灯	2海里
他の動力船に引かれている航行中の船舶その他の物件であつて，その相当部分が水没しているため視認が困難であるもの	全周灯	3海里

---

1)　規則第3条，第4条

解説 船舶が表示する灯火は，その船舶の大きさや灯火の種類に応じて一定の距離以上の視認距離（同時にその視認距離に対応した一定の光度）を有しなければならないこととなっている。

　他の動力船に引かれている航行中の船舶であって，その相当部分が水没しているため視認が困難であるものを除き，各灯火の船舶の長さに対応した最小視認距離は，表3-2のとおりである。

表 3-2　灯火の最小視認距離

(単位：海里)

灯火の種類＼船舶の長さ	50メートル以上	50メートル未満〜20メートル以上	20メートル未満〜12メートル以上	12メートル未満
マスト灯	6	5	3	2
げん灯	3	2	2	1
船尾灯	3	2	2	2
引き船灯	3	2	2	2
白，紅，緑，黄色の全周灯	3	2	2	2

　これに対し他の動力船に引かれている航行中の船舶であって，その相当部分が水没しているため視認が困難であるものは3海里以上の視認距離を有する全周灯を備えなければならない。

表 3-3　視認距離と視認距離を得るに必要な光度との関係(1972年国際海上衝突予防規則附属書 I 8(b))

灯火の視認距離（光達距離）	灯火の光度
1（海里）	0.9（カンデラ）
2	4.3
3	12
4	27
5	52
6	94

第23条　航行中の動力船（次条第 1 項，第 2 項，第 4 項若しくは第 7 項，第26条第 1 項若しくは第 2 項，第27条第 1 項から第 4 項まで若しくは第 6 項又は第29条の規定の適用があるものを除く。以下この条において同じ。）は，次に定めるところにより，灯火を表示しなければならない。

(1)　前部にマスト灯 1 個を掲げ，かつ，そのマスト灯よりも後方の高い位置にマスト灯 1 個を掲げること。ただし，長さ50メートル未満の動力船は，後方のマスト灯を掲げることを要しない。

(2)　げん灯 1 対（長さ20メートル未満の動力船にあっては，げん灯 1 対又は両色灯 1 個。第 4 項及び第 5 項並びに次条第 1 項第 2 号及び第 2 項第 2 号において同じ。）を掲げること。

(3)　できる限り船尾近くに船尾灯 1 個を掲げること。

2　水面から浮揚した状態で航行中のエアクッション船（船体の下方へ噴出する空気の圧力の反作用により水面から浮揚した状態で移動することができる動力船をいう。）は，前項の規定による灯火のほか，黄色のせん光灯 1 個を表示しなければならない。

3　特殊高速船（その有する速力が著しく高速であるものとして国土交通省令で定める動力船をいう。）は，第 1 項の規定による灯火のほか，紅色のせん光灯 1 個を表示しなければならない。

4　航行中の長さ12メートル未満の動力船は，第 1 項の規定による灯火の表示に代えて，白色の全周灯 1 個及びげん灯 1 対を表示することができる。

5　航行中の長さ 7 メートル未満の動力船であって，その最大速力が 7 ノットを超えないものは，第 1 項又は前項の規定による灯火の表示に代えて，白色の全周灯 1 個を表示することができる。この場合において，その動力船は，できる限りげん灯 1 対を表示しなければならない。

6　航行中の長さ12メートル未満の動力船は，マスト灯を表示しようとする場合において，そのマスト灯を船舶の中心線上に装置することができないときは，マスト灯と同一の特性を有する灯火 1 個を船舶の中心線上の位置以外の位置に表示することをもって足りる。

7　航行中の長さ12メートル未満の動力船は，両色灯を表示しようとする場合において，マスト灯又は第 4 項若しくは第 5 項の規定による白色の全周灯を船舶の中心線上に装置することができないときは，その両色灯の表示に代え

て，これと同一の特性を有する灯火1個を船舶の中心線上の位置以外の位置に表示することができる。この場合において，その灯火は，前項の規定によるマスト灯と同一の特性を有する灯火又は第4項若しくは第5項の規定による白色の全周灯が装置されている位置から船舶の中心線に平行に引いた直線上又はできる限りその直線の近くに掲げるものとする。

解説　**1**　航行中の動力の灯火

　　航行中の動力船は，所定の灯火（マスト灯，げん灯又は両色灯及び船尾灯）を表示しなければならない。また，水面から浮揚した状態で航行中のエアクッション船は，上記の灯火に加え，黄色のせん光灯を，特殊高速船は紅色のせん光灯を表示しなければならない。

　　なお，マスト灯，げん灯等の位置については，規則第9条，第10条，第11条（1972年国際海上衝突予防規則　付属書Ⅰ灯火及び形象物の技術基準　2及び3　付録45～49頁参照）に規定されている。

図解

[1]　長さ50メートル以上の動力船の灯火

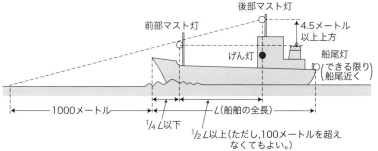

後部マスト灯の位置は，通常のトリムの状態において，船首から1,000メートル離れた海面から見たとき前部マスト灯と分離して見える高さでなければならない。

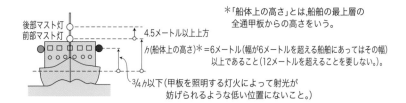

＊「船体上の高さ」とは,船舶の最上層の
全通甲板からの高さをいう。

後部マスト灯
前部マスト灯

4.5メートル以上上方

h(船体上の高さ)＊=6メートル(幅が6メートルを超える船舶にあってはその幅)
以上であること(12メートルを超えることを要しない。)。

3/4h以下(甲板を照明する灯火によって射光が
妨げられるような低い位置にないこと。)

げん灯は,前部マスト灯よりも前方になく,かつ,げん側又はその付近にあること。

2 長さ20メートル以上50メートル未満の動力船の灯火

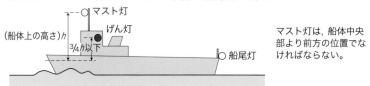

マスト灯

げん灯

(船体上の高さ)h

3/4h以下

船尾灯

マスト灯は,船体中央
部より前方の位置でな
ければならない。

3 長さ20メートル未満の動力船の灯火

〔両色灯を掲げる場合〕

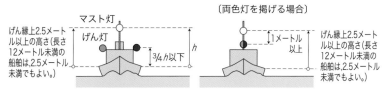

マスト灯

げん灯

げん縁上2.5メート
ル以上の高さ(長さ
12メートル未満の
船舶は,2.5メートル
未満でもよい。)

3/4h以下

h

1メートル
以上

げん縁上2.5メート
ル以上の高さ(長さ
12メートル未満の
船舶は,2.5メートル
未満でもよい。)

マスト灯は,できる限り前方の位置でなければならない。

4 長さ12メートル未満の動力船の灯火

白色全周灯

げん灯

5 　長さ7メートル未満の動力船であって，その最大速力が7ノットを超えないものの灯火

白色全周灯1個

げん灯

できる限りげん灯1対又は両色灯を
表示しなければならない。

6 　水面から浮揚した状態で航行中のエアクッション船の灯火

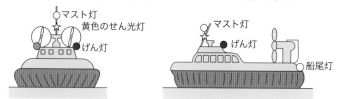

マスト灯
黄色のせん光灯
げん灯

マスト灯
げん灯
船尾灯

7 　特殊高速船

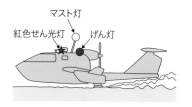

マスト灯
紅色せん光灯　げん灯

8 　海上保安庁長官が告示で定める動力船

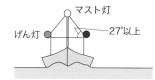

マスト灯
げん灯　　27°以上

船体上の高さが，前部マスト灯とげ
ん灯を頂点とする二等辺三角形を当
該船舶の船体中心線に垂直な平面に
投影した二等辺三角形の底角が27度
以上となるもの。

図3-3　航行中の動力船の灯火

2　適用除外

以下の船舶には，本条の適用はない。

・第24条第１項：船舶その他の物件を引いている航行中の動力船
・第24条第２項：船舶その他の物件を押し，又は接げんして引いている航行中の動力船
・第24条第４項：他の動力船に引かれている航行中の船舶
・第24条第７項：他の動力船に押されている航行中の船舶
・第26条第１項又は第２項：漁ろうに従事している船舶
・第27条第１項：運転不自由船
・第27条第２項，第３項，第４項又は第６項：操縦性能制限船
・第29条：水先船

3　特例（規則第23条）

第41条第３項（150頁参照，1972年国際海上衝突予防規則第１条(c)及び(e)付録２頁参照）で自衛艦及び巡視船の一部について，代替の基準を定めている。また，自衛艦及び巡視船のマスト灯の水平距離が極端に短いため，夜間において，それらの船舶の進行方向を錯誤するおそれがあるので注意が必要である。

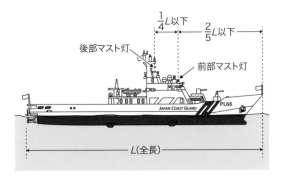

図3-4　巡視船の特例

自衛艦のマスト灯の位置

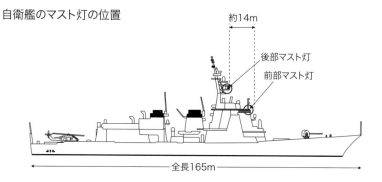

後部マスト灯
前部マスト灯
約14m
全長165m

大型巡視船のマスト灯の位置

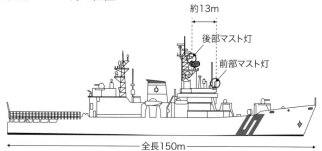

後部マスト灯
前部マスト灯
約13m
全長150m

図3-5　自衛艦・大型巡視船のマスト灯の配置（予防法の特例）

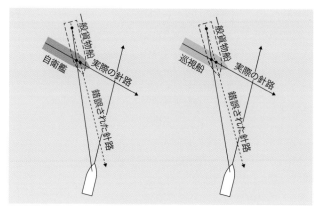

図3-6　マスト灯の配置の違いによる針路の錯誤

4　自動車船（PCTC：Pure Car and Truck Carrier）及び ULCV 超大型コンテナ船（ULCV：Ultra Large Container Vessel）等の灯火

　　自動車船のマスト灯間の水平距離は，規則第10条第1項「動力船が前部マスト灯及び後部マスト灯を掲げる場合は，これらの灯火の間の水平距離は，当該動力船の長さの2分の1以上でなければならない」という規定を最低限遵守する程度のマスト灯の水平距離しか設けられていないものもある。また，超大型コンテナ船では，その構造上，船体長さに対して，前部マスト灯と後部マスト灯の間隔が短く（船の長さの2分の1以下であるが，同規則の「ただし，当該水平距離は，100メートルを超えることを要しない」という規定は満足している），後部マスト灯と船尾灯の間隔が長く，後部マスト灯の後方に長く船体が続いており，他の船舶から見れば，船体の長さを過小に判断する可能性がある。特に眼高が低い小型船舶から見れば，船尾灯の部分は別の船舶と誤認しやすく，後部マスト灯と船尾灯の間を突っ切ろうとし，船体側面に衝突する可能性があるので，超大型コンテナ船の運航にあたっては，船舶交通のふくそうする水域において，パッセージライト等を点灯することにより自船の大きさを示す等の対応をして，衝突の予防に努めるべきである。

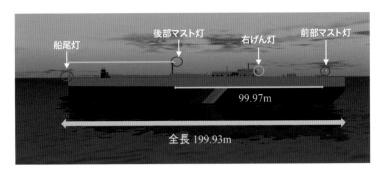

図 3-7　自動車船のマスト灯の位置

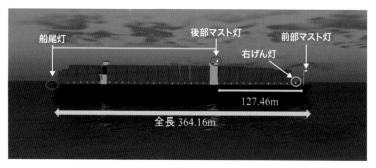

図 3-8　超大型コンテナ船のマスト灯の位置

第24条　航行中のえい航船等

第24条　船舶その他の物件を引いている航行中の動力船（次項，第26条第1項若しくは第2項又は第27条第1項から第4項まで若しくは第6項の規定の適用があるものを除く。以下この項において同じ。）は，次に定めるところにより，灯火又は形象物を表示しなければならない。

(1)　次のイ又はロに定めるマスト灯を掲げること。ただし，長さ50メートル未満の動力船は，イに定める後方のマスト灯を掲げることを要しない。

　　イ　前部に垂直線上にマスト灯2個（引いている船舶の船尾から引かれている船舶その他の物件の後端までの距離（以下この条において「えい航物件の後端までの距離」という。）が200メートルを超える場合にあっては，マスト灯3個）及びこれらのマスト灯よりも後方の高い位置にマスト灯1個

　　ロ　前部にマスト灯1個及びこのマスト灯よりも後方の高い位置に垂直線上にマスト灯2個（えい航物件の後端までの距離が200メートルを超える場合にあっては，マスト灯3個）

(2)　げん灯1対を掲げること。

(3)　できる限り船尾近くに船尾灯1個を掲げること。

(4)　前号の船尾灯の垂直線上の上方に引き船灯1個を掲げること。

(5)　えい航物件の後端までの距離が200メートルを超える場合は，最も見えやすい場所にひし形の形象物1個を掲げること。

2　船舶その他の物件を押し，又は接げんして引いている航行中の動力船（第

26条第1項若しくは第2項又は第27条第1項，第2項若しくは第4項の規定の適用があるものを除く。以下この項において同じ。）は，次に定めるところにより，灯火を表示しなければならない。

(1) 次のイ又はロに定めるマスト灯を掲げること。ただし，長さ50メートル未満の動力船は，イに定める後方のマスト灯を掲げることを要しない。

  イ　前部に垂直線上にマスト灯2個及びこれらのマスト灯よりも後方の高い位置にマスト灯1個

  ロ　前部にマスト灯1個及びこのマスト灯よりも後方の高い位置に垂直線上にマスト灯2個

(2) げん灯1対を掲げること。

(3) できる限り船尾近くに船尾灯1個を掲げること。

3　遭難その他の事由により救助を必要としている船舶を引いている航行中の動力船であって，通常はえい航作業に従事していないものは，やむを得ない事由により前2項の規定による灯火を表示することができない場合は，これらの灯火の表示に代えて，前条の規定による灯火を表示し，かつ，当該動力船が船舶を引いていることを示すため，えい航索の照明その他の第36条第1項の規定による他の船舶の注意を喚起するための信号を行うことをもって足りる。

4　他の動力船に引かれている航行中の船舶その他の物件（第1項，第7項（第2号に係る部分に限る。），第26条第1項若しくは第2項又は第27条第2項から第4項までの規定の適用がある船舶及び次項の規定の適用がある船舶その他の物件を除く。以下この項において同じ。）は，次に定めるところにより，灯火又は形象物を表示しなければならない。

(1) げん灯1対（長さ20メートル未満の船舶その他の物件にあっては，げん灯1対又は両色灯1個）を掲げること。

(2) できる限り船尾近くに船尾灯1個を掲げること。

(3) えい航物件の後端までの距離が200メートルを超える場合は，最も見えやすい場所にひし形の形象物1個を掲げること。

5　他の動力船に引かれている航行中の船舶その他の物件であって，その相当部分が水没しているため視認が困難であるものは，次に定めるところにより，灯火又は形象物を表示しなければならない。この場合において，2以上の船舶その他の物件が連結して引かれているときは，これらの物件は，1個の物件とみなす。

(1) 前端又はその付近及び後端又はその付近に，それぞれ白色の全周灯1個を掲げること。ただし，石油その他の貨物を充てんして水上輸送の用に供

するゴム製の容器は，前端又はその付近に白色の全周灯を掲げることを要しない。
(2) 引かれている船舶その他の物件の最大の幅が25メートル以上である場合は，両側端又はその付近にそれぞれ白色の全周灯1個を掲げること。
(3) 引かれている船舶その他の物件の長さが100メートルを超える場合は，前2号の規定による白色の全周灯の間に，100メートルを超えない間隔で白色の全周灯を掲げること。
(4) 後端又はその付近にひし形の形象物1個を掲げること。
(5) えい航物件の後端までの距離が200メートルを超える場合は，できる限り前方の最も見えやすい場所にひし形の形象物1個を掲げること。
6　前2項に規定する他の動力船に引かれている航行中の船舶その他の物件は，やむを得ない事由により前2項の規定による灯火又は形象物を表示することができない場合は，照明その他その存在を示すために必要な措置を講ずることをもって足りる。
7　次の各号に掲げる船舶（第26条第1項若しくは第2項又は第27条第2項から第4項までの規定の適用があるものを除く。）は，それぞれ当該各号に定めるところにより，灯火を表示しなければならない。この場合において，2隻以上の船舶が1団となって，押され，又は接げんして引かれているときは，これらの船舶は，1隻の船舶とみなす。
(1) 他の動力船に押されている航行中の船舶　前端にげん灯1対（長さ20メートル未満の船舶にあっては，げん灯1対又は両色灯1個。次号において同じ。）を掲げること。
(2) 他の動力船に接げんして引かれている航行中の船舶　前端にげん灯1対を掲げ，かつ，できる限り船尾近くに船尾灯1個を掲げること。
8　押している動力船と押されている船舶とが結合して一体となっている場合は，これらの船舶を1隻の動力船とみなしてこの章の規定を適用する。

解説　**1**　航行中のえい航船等の灯火及び形象物

　　動力船が航行中，船舶その他の物件を引いている場合，自船の操縦性能が制限されたり，単独で航行中のような行動をとることが困難である。また，引かれたり押されたりしている船舶と一列又は一体となっていることから航行に際しては，広い水域を必要とする。このため，特定の灯火又は形象物を表示することにより他の船舶に対して，自船の特殊な状況を認識してもらわなければならない。

船舶その他の物件を引いている航行中の動力船（第1項）及び他の動力船に引かれている航行中の船舶その他の物件（第4項）

> 灯火

　イ　長さ50メートル以上の動力船がえい航作業に従事する場合で,えい航物件までの距離が200メートルを超える場合（図3-9, 図3-10）

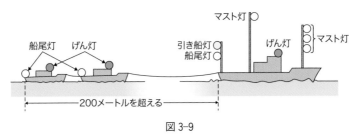

図 3-9

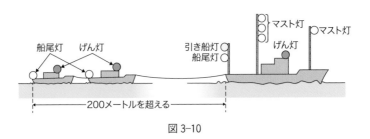

図 3-10

ロ　長さ50メートル以上の動力船がえい航作業に従事する場合で，えい航物件までの距離が200メートル以下の場合（図3-11，図3-12）

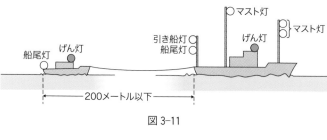

図 3-11

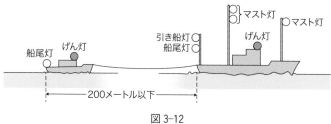

図 3-12

ハ　長さ50メートル未満の動力船がえい航作業に従事する場合で，えい航物件までの距離が200メートルを超える場合（図3-13）

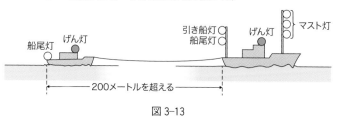

図 3-13

ニ　長さ50メートル未満の動力船がえい航作業に従事する場合で，えい航物件までの距離が200メートル以下の場合（図3-14）

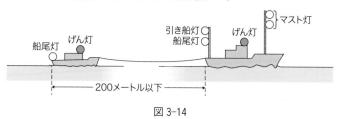

図 3-14

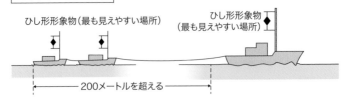

○引かれている船舶その他の物件がやむを得ない事由により灯火又は形象物を
表示することができない場合は、照明その他その存在を示すために必要な措
置をとることで足りる。

図 3-15

他の動力船に引かれている航行中の船舶その他の物件であって、その相当部分が水没しているため視認が困難であるもの（第5項）

灯火

イ　引かれている船舶その他の物件の最大の幅が25メートル未満である場合で、
　　長さが100メートル以下の場合（図3-16）

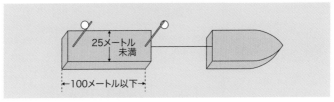

○石油その他の貨物を充てんして水上輸送の用に供するゴム製の容器は、前端
又はその付近に白色の全周灯を掲げることを要しない。

図 3-16

ロ　引かれている船舶その他の物件の最大の幅が25メートル以上である場合で、
　　長さが100メートル以下の場合（図3-17）

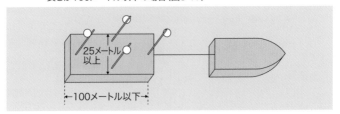

図 3-17

ハ　引かれている船舶その他の物件の最大の幅が25メートル以上で長さが100メートルを超える場合（図3-18）

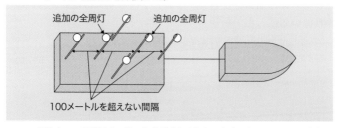

○引かれている船舶その他の物件がやむを得ない事由により灯火又は形象物を表示することができない場合は、照明その他その存在を示すために必要な措置をとることで足りる。
○二以上の船舶その他の物件が連結して引かれているときはこれらの物件は、1個の物件とみなす。

図 3-18

形象物

イ　えい航物件の後端までの距離が200メートル以下の場合（図3-19）

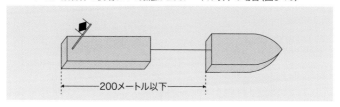

図 3-19

ロ　えい航物件の後端までの距離が200メートルを超える場合（図3-20）

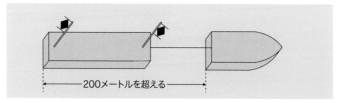

○引かれている船舶その他の物件がやむを得ない事由により灯火又は形象物を表示することができない場合は、照明その他その存在を示すために必要な措置をとることで足りる。
○二以上の船舶その他の物件が連結して引かれているときはこれらの物件は、1個の物件とみなす。

図 3-20

船舶その他の物件を押し又は接げんして引いている航行中の動力船（第7項）及び他の動力船に押されている航行中の船舶又は他の動力船に接げんして引かれている航行中の船舶

イ　長さ50メートル以上の動力船が押している場合（図3-21）

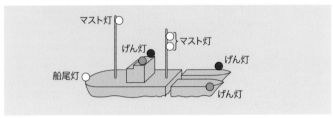

図 3-21

ロ　長さ50メートル未満の動力船が押している場合（図3-22）

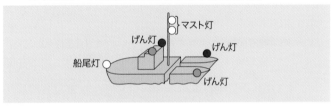

図 3-22

ハ　長さ50メートル以上の動力船が接げんして引いている場合（図3-23）

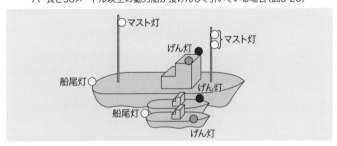

図 3-23

ニ 長さ50メートル未満の動力船が接げんして引いている場合（図3-24）

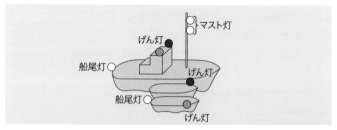

○2隻以上の船舶が一団となって押され又は接げんして引かれている場合は，1隻とみなされる。
○要救助船舶をえい航している動力船で，通常はえい航作業に従事していないものは，やむを得ない事由によりえい航作業に従事していることを示す灯火を表示することができない場合は，航行中の動力船の灯火を表示し，かつ，当該動力船が船舶を引いていることを示すため，えい航索の照明等他の船舶の注意を喚起するための信号を行うことで足りる。

図 3-24

押している船舶と押されている船舶が結合して一体となっている場合（第8項）

イ 長さ50メートル以上の場合（図3-25）

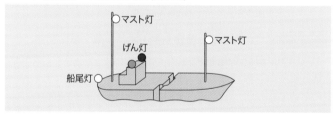

図 3-25

ロ 長さ50メートル未満の場合（図3-26）

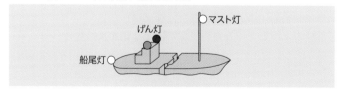

図 3-26

2　通常えい航作業に従事しない動力船の灯火の緩和（第3項）及び引かれている航行中の船舶その他の物件の灯火の緩和（第6項）

　　要救助船舶をえい航している動力船で，通常はえい航作業に従事していないものは，やむを得ない事由により，えい航作業に従事していることを示す灯火を表示することができない場合は，航行中の動力船の灯火を表示し，かつ，当該動力船が船舶を引いていることを示すために，えい航索を照明する等，他の船舶の注意を喚起するための信号を行うことで足りる。

　　引かれている船舶その他の物件がやむを得ない事由により灯火又は形象物を表示することができない場合は，照明その他その存在を示すために必要な措置をとることで足りる。

3　適用除外

　　各項において，以下の船舶又は物件である場合は，その適用が除外される。

第1項において

・船舶その他の物件を接げんして引いている船舶（第2項）

・漁ろうに従事している船舶（第26条第1項及び第2項）

・運転不自由船（第27条第1項）

・操縦性能制限船（第27条第2項から第4項及び第6項）

第2項において

・漁ろうに従事している船舶（第26条第1項及び第2項）

・運転不自由船（第27条第1項）

・操縦性能制限船（第27条第2項及び第4項）

第4項において

・引き船（第1項）

・接げんして引かれている船舶（第7項第2号）

・漁ろうに従事している船舶（第26条第1項及び第2項）

・操縦性能制限船（第27条第2項から第4項）

・相当部分が水没しているため視認が困難な船舶又は物件（第5項）

第25条　航行中の帆船（前条第４項若しくは第７項，次条第１項若しくは第２項又は第27条第１項，第２項若しくは第４項の規定の適用があるものを除く。以下この条において同じ。）であって，長さ７メートル以上のものは，げん灯１対（長さ20メートル未満の帆船にあっては，げん灯１対又は両色灯１個。以下この条において同じ。）を表示し，かつ，できる限り船尾近くに船尾灯１個を表示しなければならない。

2　航行中の長さ７メートル未満の帆船は，できる限り，げん灯１対を表示し，かつ，できる限り船尾近くに船尾灯１個を表示しなければならない。ただし，これらの灯火又は次項に規定する三色灯を表示しない場合は，白色の携帯電灯又は点火した白灯を直ちに使用することができるように備えておき，他の船舶との衝突を防ぐために十分な時間これを表示しなければならない。

3　航行中の長さ20メートル未満の帆船は，げん灯１対及び船尾灯１個の表示に代えて，三色灯（紅色，緑色及び白色の部分からなる灯火であって，紅色及び緑色の部分にあってはそれぞれげん灯の紅灯及び緑灯と，白色の部分にあっては船尾灯と同一の特性を有することとなるように船舶の中心線上に装置されるものをいう。）１個をマストの最上部又はその付近の最も見えやすい場所に表示することができる。

4　航行中の帆船は，げん灯１対及び船尾灯１個のほか，マストの最上部又はその付近の最も見えやすい場所に，紅色の全周灯１個を表示し，かつ，その垂直線上の下方に緑色の全周灯１個を表示することができる。ただし，これらの灯火を前項の規定による三色灯と同時に表示してはならない。

5　ろかいを用いている航行中の船舶は，前各項の規定による帆船の灯火を表示することができる。ただし，これらの灯火を表示しない場合は，白色の携帯電灯又は点火した白灯を直ちに使用することができるように備えておき，他の船舶との衝突を防ぐために十分な時間これを表示しなければならない。

6　機関及び帆を同時に用いて推進している動力船（次条第１項若しくは第２項又は第27条第１項から第４項までの規定の適用があるものを除く。）は，前部の最も見えやすい場所に円すい形の形象物１個を頂点を下にして表示しなければならない。

解説 **1** 航行中の帆船の灯火（第1項から第4項）及び形象物（第6項）

　帆船は，推進力に風を利用している特性からその操縦性能は動力船とは異なり，大幅に制限されている。本法では，帆船の操縦性能の特性から規定（第12条及び第18条）を設け保護している。昼間であればその形状から容易に帆船であることが他の船舶から認識できるが，夜間においては判断が困難となるので，特定の灯火を表示して帆船であることを他の船舶に認識してもらうためのものである。

　また，機関及び帆を用いて推進している船舶は，第3条第2項で動力船として扱われるが，このような船舶は，外見上，機関を用いているかどうか判断することができないので，夜間においては動力船の灯火，昼間においては形象物を表示することによって，外見上明確にし，他の船舶との航法関係を誤らないようにするものである。

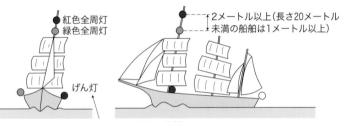

紅色全周灯
緑色全周灯
げん灯
長さ20メートル未満の船舶は両色灯でもよい。
2メートル以上（長さ20メートル未満の船舶は1メートル以上）

図 3-27　帆船の灯火及び形象物

2 ろかい船の灯火（第5項）

　ろかいを用いる船舶は，通常，小型で構造も簡便であり，一般の船舶に用いる灯火を表示することは実際上，困難である。このため，ろかいを用いて航行中の船舶は，航行中の帆船の表示すべき灯火と同じ灯火を表示することができるとされている。また，それらの灯火を表示しない場合（実際にはこの場合が多い）は，白色の携帯電灯又は点灯した白灯を直ちに使用できるように準備しておき，他の船舶との衝突を避けるために十分な時間これを表示しなければならない。

図3-28　ろかい船の灯火

3 適用除外（第6項）

　以下の動力船は第6項の適用が除外される。

・漁ろうに従事している船舶（第26条第1項及び第2項）

・運転不自由船（第27条第1項）

・操縦性能制限船（第27条第2項から第4項）

第26条　漁ろうに従事している船舶

> **第26条**　航行中又はびょう泊中の漁ろうに従事している船舶（次条第1項の規定の適用があるものを除く。以下この条において同じ。）であって，トロール（けた網その他の漁具を水中で引くことにより行う漁法をいう。第4項において同じ。）により漁ろうをしているもの（以下この条において「トロール従事船」という。）は，次に定めるところにより，灯火又は形象物を表示しなければならない。
> (1)　緑色の全周灯1個を掲げ，かつ，その垂直線上の下方に白色の全周灯1個を掲げること。
> (2)　前号の緑色の全周灯よりも後方の高い位置にマスト灯1個を掲げること。ただし，長さ50メートル未満の漁ろうに従事している船舶は，これを掲げることを要しない。
> (3)　対水速力を有する場合は，げん灯1対（長さ20メートル未満の漁ろうに従事している船舶にあっては，げん灯1対又は両色灯1個。次項第2号に

おいて同じ。）を掲げ，かつ，できる限り船尾近くに船尾灯1個を掲げること。

(4) 2個の同形の円すいをこれらの頂点で垂直線上の上下に結合した形の形象物1個を掲げること。

2 トロール従事船以外の航行中又はびょう泊中の漁ろうに従事している船舶は，次に定めるところにより，灯火又は形象物を表示しなければならない。

(1) 紅色の全周灯1個を掲げ，かつ，その垂直線上の下方に白色の全周灯1個を掲げること。

(2) 対水速力を有する場合は，げん灯1対を掲げ，かつ，できる限り船尾近くに船尾灯1個を掲げること。

(3) 漁具を水平距離150メートルを超えて船外に出している場合は，その漁具を出している方向に白色の全周灯1個又は頂点を上にした円すい形の形象物1個を掲げること。

(4) 2個の同形の円すいをこれらの頂点で垂直線上の上下に結合した形の形象物1個を掲げること。

3 長さ20メートル以上のトロール従事船は，他の漁ろうに従事している船舶と著しく接近している場合は，第1項の規定による灯火のほか，次に定めるところにより，同項第1号の白色の全周灯よりも低い位置の最も見えやすい場所に灯火を表示しなければならない。この場合において，その灯火は，第22条の規定にかかわらず，1海里以上3海里未満（長さ50メートル未満のトロール従事船にあっては，1海里以上2海里未満）の視認距離を得るのに必要な国土交通省令で定める光度を有するものでなければならない。

(1) 投網を行っている場合は，白色の全周灯2個を垂直線上に掲げること。

(2) 揚網を行っている場合は，白色の全周灯1個を掲げ，かつ，その垂直線上の下方に紅色の全周灯1個を掲げること。

(3) 網が障害物に絡み付いている場合は，紅色の全周灯2個を垂直線上に掲げること。

4 長さ20メートル以上のトロール従事船であって，2そうびきのトロールにより漁ろうをしているものは，他の漁ろうに従事している船舶と著しく接近している場合は，それぞれ，第1項及び前項の規定による灯火のほか，第20条第1項及び第2項の規定にかかわらず，夜間において対をなしている他方の船舶の進行方向を示すように探照灯を照射しなければならない。

5 長さ20メートル以上のトロール従事船以外の国土交通省令で定める漁ろうに従事している船舶は，他の漁ろうに従事している船舶と著しく接近してい

る場合は，第１項又は第２項の規定による灯火のほか，国土交通省令[1]で定めるところにより表示することができる。

1) 規則第16条

解説 **１** **トロールにより漁ろうに従事している船舶の灯火及び形象物（第１項）**

　航行中又はびょう泊中のトロールにより漁ろうに従事している船舶は，図3-29に示す灯火及び形象物を表示しなければならない。なお，舵や機関の故障により他の船舶の進路を避けることができない場合は，運転不自由船（第27条第１項）の灯火及び形象物を表示しなければならない。

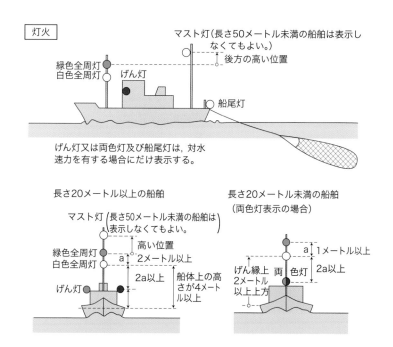

灯火

マスト灯（長さ50メートル未満の船舶は表示しなくてもよい。）
後方の高い位置
緑色全周灯
白色全周灯
げん灯
船尾灯

げん灯又は両色灯及び船尾灯は，対水速力を有する場合にだけ表示する。

長さ20メートル以上の船舶

マスト灯（長さ50メートル未満の船舶は表示しなくてもよい。）
高い位置
２メートル以上
緑色全周灯 a
白色全周灯
2a以上
船体上の高さが４メートル以上
げん灯

長さ20メートル未満の船舶
（両色灯表示の場合）

a 1メートル以上
2a以上
げん縁上２メートル以上上方 両色灯

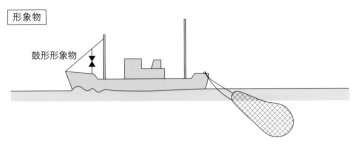

図 3-29　トロールにより漁ろうに従事している船舶の灯火及び形象物

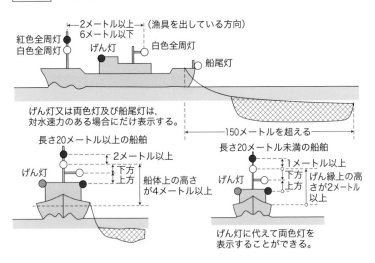

2 トロール以外により漁ろうに従事している船舶の灯火及び形象物（第2項）

　航行中又はびょう泊中のトロール以外により漁ろうに従事している船舶は，図3-30に示す灯火及び形象物を表示しなければならない。

| 灯　火 | ② 船外に出している漁具の水平距離が150メートル以下の場合 |

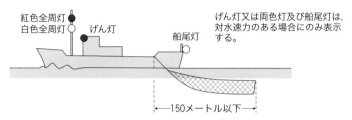

紅色全周灯
白色全周灯　げん灯

船尾灯

げん灯又は両色灯及び船尾灯は，
対水速力のある場合にのみ表示
する。

←——150メートル以下——→

図3-30　トロール以外の漁法により漁ろうに従事している船舶

3 揚網等を示す灯火（第3項）

　長さ20メートル以上のトロールにより漁ろうに従事している船舶は，他の漁ろうに従事している船舶と著しく接近している場合，図3-31に示す，自船の網の状態を示す灯火を表示しなければならない。

① 投網を行っている船舶

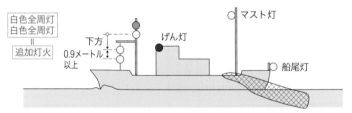

白色全周灯
白色全周灯
＝
追加灯火

下方
0.9メートル
以上

げん灯

マスト灯

船尾灯

長さ50メートル未満の船舶は，マスト灯を表示しなくてもよい。
長さ20メートル未満の船舶は，追加灯火を表示することができる。

② 揚網を行っている船舶

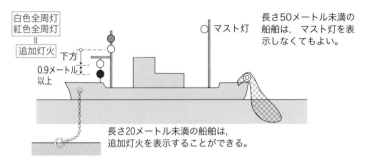

白色全周灯
紅色全周灯
＝
追加灯火　下方
0.9メートル
以上

マスト灯

長さ50メートル未満の
船舶は，マスト灯を表
示しなくてもよい。

長さ20メートル未満の船舶は，
追加灯火を表示することができる。

③ 網が障害物に絡みついている船舶

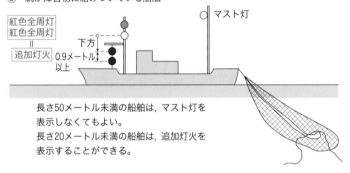

紅色全周灯
紅色全周灯
＝
追加灯火　下方
0.9メートル
以上

マスト灯

長さ50メートル未満の船舶は，マスト灯を
表示しなくてもよい。
長さ20メートル未満の船舶は，追加灯火を
表示することができる。

図 3-31　揚網等を示す灯火

4 **2そうびきで漁ろうに従事している船舶の探照灯の照射（第4項）**

　2そうびきの長さ20メートル以上のトロールにより漁ろうに従事している
船舶は，他の漁ろうに従事している船舶と著しく接近している場合，図3-32
に示す方法により探照灯を照射しなければならない。

④　2そうびきのトロール漁ろうに従事している船舶

それぞれ対をなしている他方の船舶の進行方向を示すように探照灯を照射しなければならない。

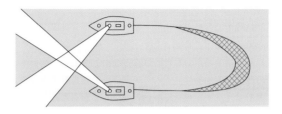

この場合，④と①～③の灯火は同時に掲げなければならない。
長さ20メートル未満の船舶は，追加灯火を表示することができる。

図3-32　2そうびきで漁ろうに従事している船舶の探照灯の照射

5 **トロール以外により漁ろうに従事している船舶の追加灯火（第5項）**

　　長さ20メートル未満のトロールにより漁ろうに従事している船舶は，他の漁ろうに従事している船舶と著しく接近している場合，自船の網の状態を示す灯火の表示及び2そうびきの場合の探照灯を照射する（図3-31③，図3-32④参照）ことができる（任意規定：規則第16条）。

　　きんちゃく網を用いて漁ろうに従事している船舶は，他の漁ろうに従事している船舶と著しく接近している場合，図3-33に示す灯火を表示することができる（任意規定：規則第16条第1項及び第2項）。

きんちゃく網を用いて漁ろうに従事している船舶が使用できる灯火〔視認距離：1海里以上3海里（長さ50メートル未満の船舶である場合は，2海里）未満〕

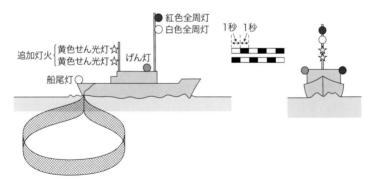

図3-33　きんちゃく網を用いて漁ろうに従事している船舶の灯火

第27条　航行中の運転不自由船（第24条第４項又は第７項の規定の適用があるものを除く。以下この項において同じ。）は，次に定めるところにより，灯火又は形象物を表示しなければならない。ただし，航行中の長さ12メートル未満の運転不自由船は，その灯火又は形象物を表示することを要しない。

⑴　最も見えやすい場所に紅色の全周灯２個を垂直線上に掲げること。

⑵　対水速力を有する場合は，げん灯１対（長さ20メートル未満の運転不自由船にあっては，げん灯１対又は両色灯１個）を掲げ，かつ，できる限り船尾近くに船尾灯１個を掲げること。

⑶　最も見えやすい場所に球形の形象物２個又はこれに類似した形象物２個を垂直線上に掲げること。

2　航行中又はびょう泊中の操縦性能制限船（前項，次項，第４項又は第６項の規定の適用があるものを除く。以下この項において同じ。）は，次に定めるところにより，灯火又は形象物を表示しなければならない。

⑴　最も見えやすい場所に白色の全周灯１個を掲げ，かつ，その垂直線上の上方及び下方にそれぞれ紅色の全周灯１個を掲げること。

⑵　対水速力を有する場合は，マスト灯２個（長さ50メートル未満の操縦性能制限船にあっては，マスト灯１個。第４項第２号において同じ。）及びげん灯１対（長さ20メートル未満の操縦性能制限船にあっては，げん灯１対又は両色灯１個。同号において同じ。）を掲げ，かつ，できる限り船尾近くに船尾灯１個を掲げること。

⑶　最も見えやすい場所にひし形の形象物１個を掲げ，かつ，その垂直線上の上方及び下方にそれぞれ球形の形象物１個を掲げること。

⑷　びょう泊中においては，最も見えやすい場所に第30条第１項各号の規定による灯火又は形象物を掲げること。

3　航行中の操縦性能制限船であって，第３条第７項第６号に規定するえい航作業に従事しているもの（第１項の規定の適用があるものを除く。）は，第24条第１項各号並びに前項第１号及び第３号の規定による灯火又は形象物を表示しなければならない。

4　航行中又はびょう泊中の操縦性能制限船であって，しゅんせつその他の水中作業（掃海作業を除く。）に従事しているもの（第１項の規定の適用があるものを除く。）は，その作業が他の船舶の通航の妨げとなるおそれがある

場合は，次の各号に定めるところにより，灯火又は形象物を表示しなければ
ならない。
(1) 最も見えやすい場所に白色の全周灯１個を掲げ，かつ，その垂直線上の
上方及び下方にそれぞれ紅色の全周灯１個を掲げること。
(2) 対水速力を有する場合は，マスト灯２個及びげん灯１対を掲げ，かつ，
できる限り船尾近くに船尾灯１個を掲げること。
(3) その作業が他の船舶の通航の妨害となるおそれがある側のげんを示す紅
色の全周灯２個又は球形の形象物２個をそのげんの側に垂直線上に掲げる
こと。
(4) 他の船舶が通航することができる側のげんを示す緑色の全周灯２個又は
ひし形の形象物２個をそのげんの側に垂直線上に掲げること。
(5) 最も見えやすい場所にひし形の形象物１個を掲げ，かつ，その垂直線上
の上方及び下方にそれぞれ球形の形象物１個を掲げること。
5 前項に規定する操縦性能制限船であって，潜水夫による作業に従事してい
るものは，その船体の大きさのために同項第２号から第５号までの規定によ
る灯火又は形象物を表示することができない場合は，次に定めるところによ
り，灯火又は信号板を表示することをもって足りる。
(1) 最も見えやすい場所に白色の全周灯１個を掲げ，かつ，その垂直線上の
上方及び下方にそれぞれ紅色の全周灯１個を掲げること。
(2) 国際海事機関が採択した国際信号書に定めるＡ旗を表す信号板を，げ
ん縁上１メートル以上の高さの位置に周囲から見えるように掲げること。
6 航行中又はびょう泊中の操縦性能制限船であって，掃海作業に従事してい
るものは，次に定めるところにより，灯火又は形象物を表示しなければなら
ない。
(1) 当該船舶から1000メートル以内の水域が危険であることを示す緑色の全
周灯３個又は球形の形象物３個を掲げること。この場合において，これら
の全周灯３個又は球形の形象物３個のうち，１個は前部マストの最上部付
近に掲げ，かつ，他の２個はその前部マストのヤードの両端に掲げること。
(2) 航行中においては，第23条第１項各号の規定による灯火を掲げること。
(3) びょう泊中においては，最も見えやすい場所に第30条第１項各号の規定
による灯火又は形象物を掲げること。
7 航行中又はびょう泊中の長さ12メートル未満の操縦性能制限船（潜水夫に
よる作業に従事しているものを除く。）は，第２項から第４項まで及び前項
の規定による灯火又は形象物を表示することを要しない。

1 航行中の運転不自由船の灯火及び形象物（第1項）

　航行中の運転不自由船は，図3-34に示す灯火又は形象物を表示しなければ
ならない。

　なお，長さが12メートル未満の船舶については，灯火及び形象物の表示は
要しない。

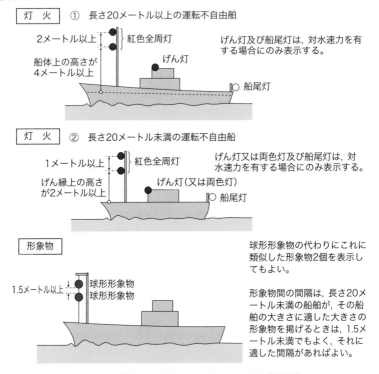

灯　火　① 長さ20メートル以上の運転不自由船

2メートル以上 ｜ 紅色全周灯

船体上の高さが
4メートル以上

げん灯

船尾灯

げん灯及び船尾灯は，対水速力を有
する場合にのみ表示する。

灯　火　② 長さ20メートル未満の運転不自由船

1メートル以上 ｜ 紅色全周灯

げん縁上の高さ
が2メートル以上

げん灯（又は両色灯）

船尾灯

げん灯又は両色灯及び船尾灯は，対
水速力を有する場合にのみ表示する。

形象物

1.5メートル以上 ｜ 球形形象物
　　　　　　　　　 球形形象物

球形形象物の代わりにこれに
類似した形象物2個を表示し
てもよい。

形象物間の間隔は，長さ20メ
ートル未満の船舶が，その船
舶の大きさに適した大きさの
形象物を掲げるときは，1.5メ
ートル未満でもよく，それに
適した間隔があればよい。

図3-34　航行中の運転不自由船の灯火及び形象物

② 操縦性能制限船の灯火及び形象物（第2項）

航行中の操縦性能制限船（運転不自由船（第1項）及び操縦性能制限船（第3項，第4項又は第6項）を除く）は，図3-35に示す灯火又は形象物を表示しなければならない。

| 灯　火 | ① 長さ20メートル以上の操縦性能制限船 |

（航行中）

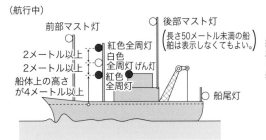

前部マスト灯
後部マスト灯
（長さ50メートル未満の船舶は表示しなくてもよい。）
2メートル以上
紅色全周灯
2メートル以上
白色全周灯 げん灯
船体上の高さが4メートル以上
紅色全周灯
船尾灯

紅色・白色・紅色の3個の全周灯は，最も見えやすい場所に表示すること。

（びょう泊中）

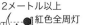

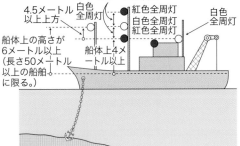

2メートル以上
4.5メートル以上上方
白色全周灯
紅色全周灯
白色全周灯
紅色全周灯
白色全周灯
船体上の高さが6メートル以上（長さ50メートル以上の船舶に限る。）
船体上4メートル以上

長さ50メートル未満の船舶は，2個の白色全周灯に代えて，最も見えやすい位置に白色全周灯を1個表示することができる。

長さ100メートル以上の船舶は，作業灯等により甲板を照明しなければならない。

②　長さ20メートル未満の操縦性能制限船

（航行中）

マスト灯，げん灯及び
船尾灯は，対水速力を
有する場合にのみ表示
する。

（びょう泊中）

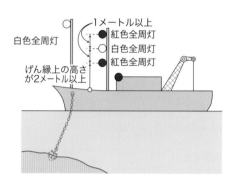

形象物

長さ20メートル未満の船
舶は，当該船舶の大きさ
に適したものとすること
ができる。また，その場
合における形象物間の距
離は，1.5メートル未満で
あってこれらの形象物の
大きさに適したものとす
ることができる。

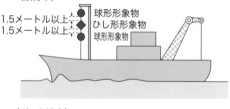

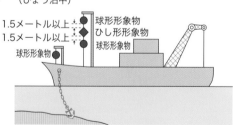

図 3-35　操縦性能制限船の灯火及び形象物

3 操縦性能制限船でえい航作業に従事している船舶の灯火及び形象物（第3項）

　航行中の操縦性能制限船でえい航作業に従事している船舶（運転不自由船を除く）は，図3-36に示す灯火又は形象物を表示しなければならない。

灯　火　① えい航物件までの距離が200メートルを超える場合

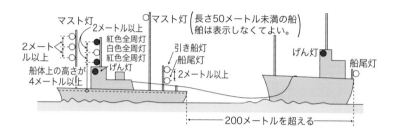

灯　火　② えい航物件までの距離が200メートル以下の場合

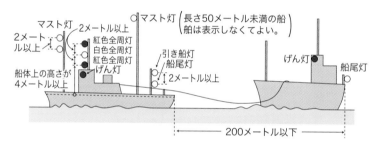

形象物　① えい航物件までの距離が200メートルを超える場合

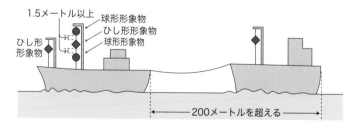

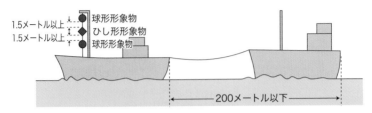

形象物　②　えい航物件までの距離が200メートル以下の場合

1.5メートル以上　●　球形形象物
1.5メートル以上　◆　ひし形形象物
　　　　　　　　　●　球形形象物

←　200メートル以下　→

図 3-36　操縦性能制限船でえい航作業に従事している船舶の灯火及び形象物

4　操縦性能制限船でしゅんせつその他の水中作業に従事している船舶の灯火及び形象物（第4項）

　航行中又はびょう泊している操縦性能制限船（運転不自由船（第1項）及び掃海作業（第6項）を除く）でしゅんせつその他の水中作業に従事している船舶は，図3-37に示す灯火又は形象物を表示しなければならない。なお，びょう泊中の灯火又は形象物は第30条第1項の解説[1]びょう泊中の船舶の灯火及び形象物の図と同じ（121頁参照）。

灯　火　①　長さ20メートル以上の操縦性能制限船

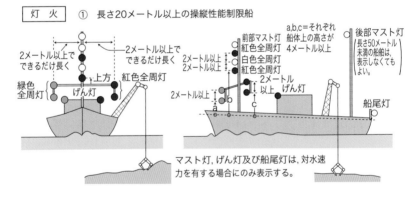

2メートル以上でできるだけ長く
2メートル以上でできるだけ長く
緑色全周灯
げん灯
上方
紅色全周灯

a,b,c＝それぞれ船体上の高さが4メートル以上
前部マスト灯
紅色全周灯
白色全周灯
紅色全周灯
2メートル以上
2メートル以上
2メートル以上
2メートル以上
げん灯
a
c
後部マスト灯
長さ50メートル未満の船舶は，表示しなくてもよい。
船尾灯

マスト灯, げん灯及び船尾灯は, 対水速力を有する場合にのみ表示する。

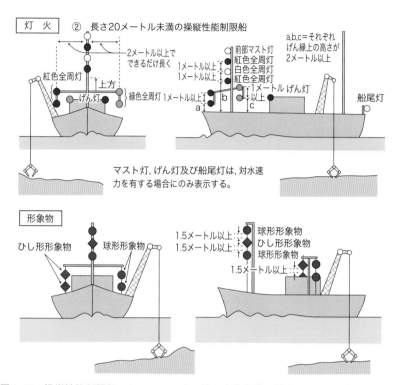

図 3-37　操縦性能制限船でしゅんせつその他の水中作業に従事している船舶の灯火及
び形象物

5 操縦性能制限船で潜水夫による作業に従事している船舶の灯火及び信号板
（第5項）

操縦性能制限船で潜水夫による水中作業に従事している船舶は，図3-38に
示す灯火又は信号板を表示しなければならない。なお，びょう泊中の灯火又
は形象物は第30条第1項の解説①びょう泊中の船舶の灯火又は形象物の図と
同じ（121頁参照）。

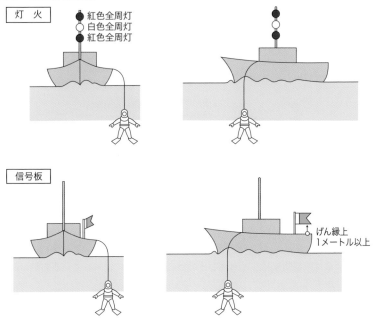

図3-38　操縦性能制限船で潜水夫による作業に従事している船舶の灯火及び
　　　　信号板

6 操縦性能制限船で掃海作業に従事している船舶の灯火及び形象物（第6
項）

航行中の操縦性能制限船で掃海作業に従事している船舶は，図3-39に示す
灯火又は形象物を表示しなければならない。なお，びょう泊中の灯火又は形
象物は第30条第1項の解説①びょう泊中の船舶の灯火又は形象物の図と同じ
（121頁参照）。

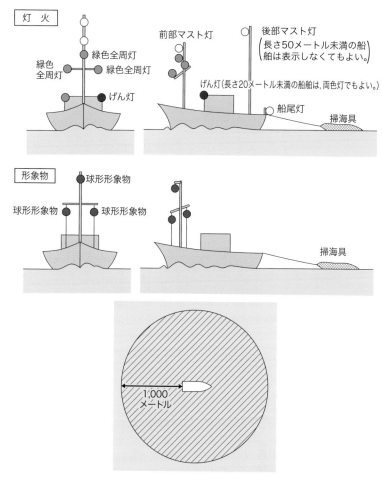

図 3-39　操縦性能制限船で掃海作業に従事している船舶の灯火及び形象物

7 長さ12メートル未満の操縦性能制限船の灯火及び形象物の緩和措置（第7項）

　航行中の長さ12メートル未満の運転不自由船又は航行中若しくはびょう泊中の長さ12メートル未満の操縦性能制限船（潜水夫による作業に従事しているものを除く）は，それぞれの船舶が表示すべき灯火又は形象物を表示することを要しない。

第28条 喫水制限船

> **第28条** 航行中の喫水制限船（第23条第１項の規定の適用があるものに限る。）
> は，同項各号の規定による灯火のほか，最も見えやすい場所に紅色の全周灯
> ３個又は円筒形の形象物１個を垂直線上に表示することができる。

解説 1 喫水制限船の灯火及び形象物

　一般動力船（第23条第１項の適用があるもの）が表示する灯火に追加して，
図3-40に示す灯火又は形象物を表示することができる。

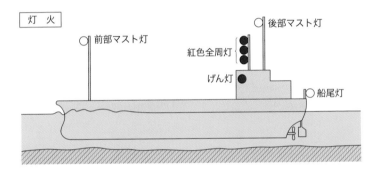

灯　火

前部マスト灯　　後部マスト灯

紅色全周灯

げん灯　　船尾灯

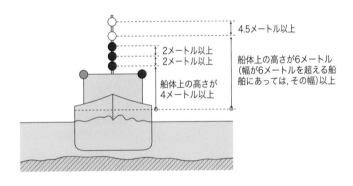

4.5メートル以上

2メートル以上
2メートル以上

船体上の高さが
4メートル以上

船体上の高さが6メートル
（幅が6メートルを超える船
舶にあっては，その幅）以上

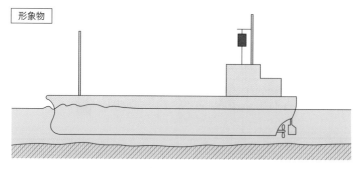

形象物

図 3-40　喫水制限船の灯火及び形象物

2　喫水制限船であり，かつ，巨大船である船舶の灯火及び形象物

　海上交通安全法上の巨大船の灯火及び形象物は，緑色のせん光灯1個，円筒形形象物2個である。よって，海上交通安全法適用海域において，巨大船であり，かつ，喫水制限船である場合には，巨大船が表示すべき灯火又は形象物と喫水制限船が表示できる灯火又は形象物を同時に表示することになる。表示の方法を図3-41に示す。

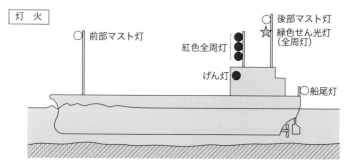

灯　火

前部マスト灯
後部マスト灯
緑色せん光灯
（全周灯）
紅色全周灯
げん灯
船尾灯

図 3-41　喫水制限船であり，かつ，巨大船である船舶の灯火及び形象物

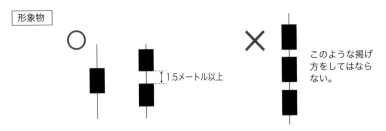

図 3-41 喫水制限船であり，かつ，巨大船である船舶の灯火及び形象物

第29条 水 先 船

第29条 航行中又はびょう泊中の水先船であって，水先業務に従事しているものは，次に定めるところにより，灯火又は形象物を表示しなければならない。
(1) マストの最上部又はその付近に白色の全周灯1個を掲げ，かつ，その垂直線上の下方に紅色の全周灯1個を掲げること。
(2) 航行中においては，げん灯1対（長さ20メートル未満の水先船にあっては，げん灯1対又は両色灯1個）を掲げ，かつ，できる限り船尾近くに船尾灯1個を掲げること。
(3) びょう泊中においては，最も見えやすい場所に次条第1項各号の規定による灯火又は形象物を掲げること。

1 水先船の灯火及び形象物

　航行中又はびょう泊中の水先船であって，水先業務に従事している船舶は，図3-42に示す灯火又は形象物を表示しなければならない。なお，昼間においては，水先船は国際信号旗の「H旗」を掲揚している。

1　航行中の水先船であって水先業務に従事しているものの灯火

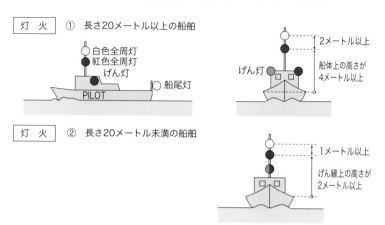

灯　火　①　長さ20メートル以上の船舶

○白色全周灯
●紅色全周灯
げん灯
○船尾灯
PILOT

2メートル以上
げん灯
船体上の高さが
4メートル以上

灯　火　②　長さ20メートル未満の船舶

1メートル以上
げん縁上の高さが
2メートル以上

2　びょう泊中の水先船であって水先業務に従事しているものの灯火・形象物

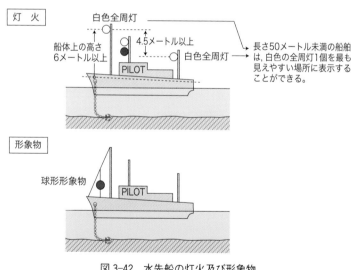

灯　火
白色全周灯
船体上の高さ
6メートル以上
4.5メートル以上
PILOT
○白色全周灯
長さ50メートル未満の船舶
は,白色の全周灯1個を最も
見えやすい場所に表示する
ことができる。

形象物
球形形象物
PILOT

図3-42　水先船の灯火及び形象物

第3章　灯火及び形象物（第29条）

2 「水先業務に従事している」とは

　具体的には，水先船が水先人を目的の船舶に乗下船させている間のみならず，目的の船舶を待ち受け，又は水先人を収容するため航行し，停留している場合である。単に水先人を上陸させるために港等に向けて航行している場合は該当しない。

　水先業務に従事していない場合は，船舶の長さに応じて定められた灯火又は形象物を表示しなければならない。

第30条　びょう泊中の船舶及び乗り揚げている船舶

第30条　びょう泊中の船舶（第26条第1項若しくは第2項，第27条第2項，第4項若しくは第6項又は前条の規定の適用があるものを除く。次項及び第4項において同じ。）は，次に定めるところにより，最も見えやすい場所に灯火又は形象物を表示しなければならない。
　(1)　前部に白色の全周灯1個を掲げ，かつ，できる限り船尾近くにその全周灯よりも低い位置に白色の全周灯1個を掲げること。ただし，長さ50メートル未満の船舶は，これらの灯火に代えて，白色の全周灯1個を掲げることができる。
　(2)　前部に球形の形象物1個を掲げること。
2　びょう泊中の船舶は，作業灯又はこれに類似した灯火を使用してその甲板を照明しなければならない。ただし，長さ100メートル未満の船舶は，その甲板を照明することを要しない。
3　乗り揚げている船舶は，次に定めるところにより，最も見えやすい場所に灯火又は形象物を表示しなければならない。
　(1)　前部に白色の全周灯1個を掲げ，かつ，できる限り船尾近くにその全周灯よりも低い位置に白色の全周灯1個を掲げること。ただし，長さ50メートル未満の船舶は，これらの灯火に代えて，白色の全周灯1個を掲げることができる。
　(2)　紅色の全周灯2個を垂直線上に掲げること。
　(3)　球形の形象物3個を垂直線上に掲げること。
4　長さ7メートル未満のびょう泊中の船舶は，そのびょう泊をしている水域が，狭い水道等，びょう地若しくはこれらの付近又は他の船舶が通常航行する水域である場合を除き，第1項の規定による灯火又は形象物を表示するこ

とを要しない。

5　長さ12メートル未満の乗り揚げている船舶は，第3項第2号又は第3号の
　規定による灯火又は形象物を表示することを要しない。

解説 **1　びょう泊中の船舶の灯火及び形象物（第1項）**

びょう泊中の船舶（漁ろうに従事している船舶（第26条第1項若しくは第
2項），操縦性能制限船（第27条第2項から第4項）及び水先船（第29条）
を除く）は，図3-43に示す灯火又は形象物を表示しなければならない。なお，
長さが100メートル以上の船舶は，所定の灯火とともに，作業灯などの灯火
を用いて甲板上を照明しなければならない。

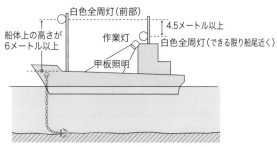

灯　火　①　長さ100メートル以上の船舶

白色全周灯(前部)
4.5メートル以上
船体上の高さが
6メートル以上
作業灯
白色全周灯(できる限り船尾近く)
甲板照明

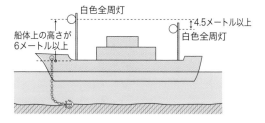

灯　火　②　長さ50メートル以上100メートル未満の船舶

白色全周灯
4.5メートル以上
船体上の高さが
6メートル以上
白色全周灯

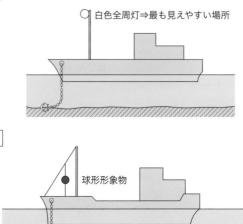

図3-43　びょう泊中の船舶の灯火及び形象物

2 乗り揚げている船舶の灯火及び形象物（第2項）

　乗り揚げている船舶は，図3-44に示す灯火又は形象物を表示しなければならない。

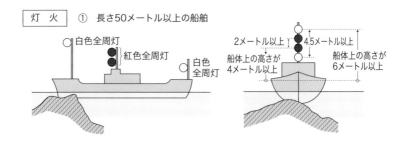

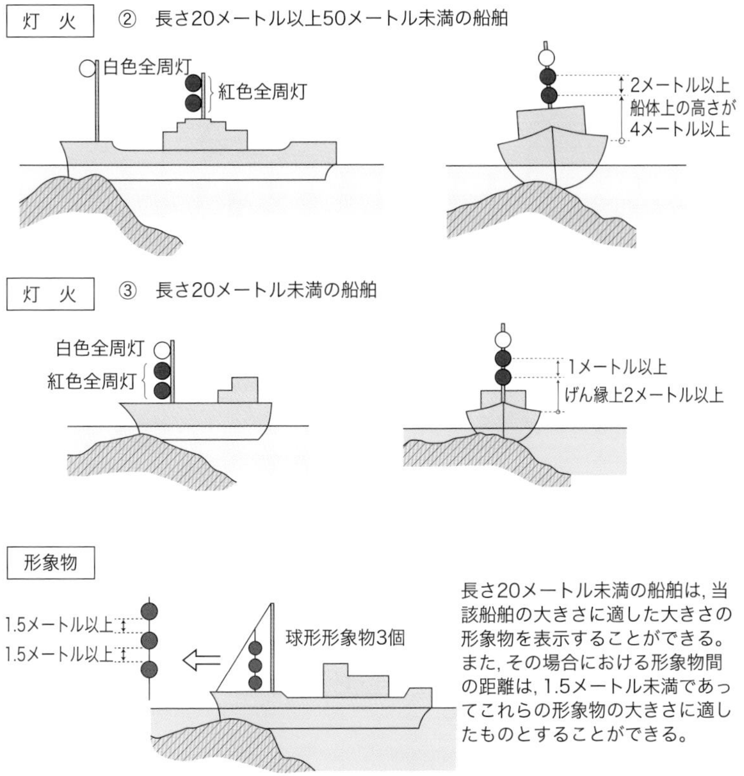

灯　火　② 長さ20メートル以上50メートル未満の船舶

白色全周灯

紅色全周灯

2メートル以上
船体上の高さが
4メートル以上

灯　火　③ 長さ20メートル未満の船舶

白色全周灯
紅色全周灯

1メートル以上
げん縁上2メートル以上

形象物

1.5メートル以上
1.5メートル以上

球形形象物3個

長さ20メートル未満の船舶は，当
該船舶の大きさに適した大きさの
形象物を表示することができる。
また，その場合における形象物間
の距離は，1.5メートル未満であっ
てこれらの形象物の大きさに適し
たものとすることができる。

図 3-44　乗り揚げている船舶の灯火及び形象物

3 長さ7メートル未満のびょう泊中の船舶の緩和措置（第3項）

　長さ7メートル未満のびょう泊中の船舶は，狭い水道，びょう地等の水域，船舶が通常航行する水域以外の水域にある場合，第1項で規定する灯火及び形象物を表示することを要しない。

4 長さ12メートル未満の乗り揚げている船舶の緩和措置（第4項）

　長さ12メートル未満の乗り揚げている船舶は，第2項で規定する灯火及び形象物を表示することを要しない。

■ 第31条　水上航空機等

> **第31条**　水上航空機等は，この法律の規定による灯火又は形象物を表示することができない場合は，その特性又は位置についてできる限りこの法律の規定に準じてこれを表示しなければならない。

解説　水上航空機は，本法において「船舶」として扱っているため，本法の灯火又は形象物の規定を遵守しなければならないが，水上航空機の構造は一般船舶と著しく異なっているため，本法の基準に従えない場合もあるので，このような場合は，できる限り，本法の基準に近いものとすればよいことになっている。

第4章　音響信号及び発光信号

第32条　定　　義

> **第32条**　この法律において「汽笛」とは，この法律に規定する短音及び長音を発することができる装置をいう。
> 2　この法律において「短音」とは，約1秒間継続する吹鳴をいう。
> 3　この法律において「長音」とは，4秒以上6秒以下の時間継続する吹鳴をいう。

立法趣旨

第4章で使用される「汽笛」，「短音」，「長音」の3つの用語を定義したもの。

解説　**1**　「汽笛」は，蒸気，電気，圧搾空気等によって，「短音」及び「長音」を発することのできる音響信号設備の総称である。

2　「汽笛」を備えた船舶は，汽笛の吹鳴時間を適切に調整して「短音」及び「長音」を使い分けなければならない。

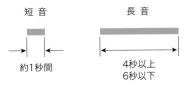

図4-1　短音及び長音

> **第33条**　船舶は，汽笛及び号鐘（長さ100メートル以上の船舶にあっては，汽笛並びに号鐘及びこれと混同しない音調を有するどら）を備えなければならない。ただし，号鐘又はどらは，それぞれこれと同一の音響特性を有し，かつ，この法律の規定による信号を手動により行うことができる他の設備をもって代えることができる。
>
> 2　長さ20メートル未満の船舶は，前項の号鐘（長さ12メートル未満の船舶にあっては，同項の汽笛及び号鐘）を備えることを要しない。ただし，これらを備えない場合は，有効な音響による信号を行うことのできる他の手段を講じておかなければならない。
>
> 3　この法律に定めるもののほか，汽笛，号鐘及びどらの技術上の基準並びに汽笛の位置については，国土交通省令[1]で定める。

1)　規則第18条～第20条

立法趣旨

　船舶の長さに応じて，備えなければならない音響信号設備を規定したもの。

解説　**1**　**音響信号設備の備え付け（第1項）**

　船舶は，その長さに応じて，以下のような音響信号設備を備えなければならない。なお，小型船舶の音響信号装置の備え付けについては緩和措置（第2項）がとられている。

表 4-1　音響信号設備

船舶 ＼ 設備	汽笛	号鐘	どら
長さ100メートル以上の船舶	○	○*	○*
長さ20メートル以上100メートル未満の船舶	○	○*	―
長さ12メートル以上20メートル未満の船舶	○	―**	―
長さ12メートル未満の船舶	―**	―**	―

○：備えなければならない。

―：備える必要はない。

　*：同一の音響特性を有し，手動による操作が可能なものに代えることができる。

**：有効な音響による信号を行いうる他の手段を講じておかなければならない。

2 汽笛等の技術基準等（第3項）

(1) 汽笛の技術基準（規則第18条）

　船舶が備えるべき汽笛の音の基本周波数及び音圧は，以下に示すものでなければならない。

表 4-2　基本周波数及び音圧

船舶 ＼ 基本周波数及び音圧	基本周波数	音圧
長さ200メートル以上	70ヘルツ以上200ヘルツ以下	143デシベル以上
長さ75メートル以上200メートル未満	130ヘルツ以上350ヘルツ以下	138デシベル以上
長さ20メートル以上75メートル未満	250ヘルツ以上700ヘルツ以下	130デシベル以上
長さ20メートル未満	180ヘルツ以上450ヘルツ以下	120デシベル以上
	450ヘルツ以上800ヘルツ以下	115デシベル以上
	800ヘルツ以上2100ヘルツ以下	111デシベル以上

また，指向性を有する汽笛は，音の最も強い方向から左右に45度の範囲内において，最強方向の音圧から4デシベルを減じた音圧を有し，それ以外の範囲において，最強方向の音圧から10デシベルを減じた音圧を有しなければならない。

⑵　**汽笛の位置**（規則第19条）

汽笛の位置は，できる限り高い位置であること，複数の汽笛が100メートルを超える間隔を置いて設置されている場合は，これらが同時に吹鳴を発しないものであること，できる限り複合汽笛信号装置を備えなければならない場合がある。

⑶　**号鐘及びどらの技術基準**（規則第20条）

1メートル離れた位置での音圧が110デシベル以上であること，澄んだ音色を発するものであること等のほか，特に号鐘については，呼び径が0.3メートル以上であること，動力式の号鐘の打子はできる限り一定の強さで号鐘を打つことができるものであり，かつ，手動による操作が可能であるものであること。

第34条　操船信号及び警告信号

第34条　航行中の動力船は，互いに他の船舶の視野の内にある場合において，この法律の規定によりその針路を転じ，又はその機関を後進にかけているときは，次の各号に定めるところにより，汽笛信号を行わなければならない。
⑴　針路を右に転じている場合は，短音を1回鳴らすこと。
⑵　針路を左に転じている場合は，短音を2回鳴らすこと。
⑶　機関を後進にかけている場合は，短音を3回鳴らすこと。
2　航行中の動力船は，前項の規定による汽笛信号を行わなければならない場合は，次の各号に定めるところにより，発光信号を行うことができる。この場合において，その動力船は，その発光信号を10秒以上の間隔で反復して行うことができる。
⑴　針路を右に転じている場合は，せん光を1回発すること。
⑵　針路を左に転じている場合は，せん光を2回発すること。
⑶　機関を後進にかけている場合は，せん光を3回発すること。
3　前項のせん光の継続時間及びせん光とせん光の間隔は，約1秒とする。

4　船舶は，互いに他の船舶の視野の内にある場合において，第9条第4項の規定による汽笛信号を行うときは，次の各号に定めるところにより，これを行わなければならない。
　⑴　他の船舶の右げん側を追い越そうとする場合は，長音2回に引き続く短音1回を鳴らすこと。
　⑵　他の船舶の左げん側を追い越そうとする場合は，長音2回に引き続く短音2回をならすこと。
　⑶　他の船舶に追い越されることに同意した場合は，順次に長音1回，短音1回，長音1回及び短音1回を鳴らすこと。
5　互いに他の船舶の視野の内にある船舶が互いに接近する場合において，船舶は，他の船舶の意図若しくは動作を理解することができないとき，又は他の船舶が衝突を避けるために十分な動作をとっていることについて疑いがあるときは，直ちに急速に短音を5回以上鳴らすことにより汽笛信号を行わなければならない。この場合において，その汽笛信号を行う船舶は，急速にせん光を5回以上発することにより発行信号を行うことができる。
6　船舶は，障害物があるため他の船舶を見ることができない狭い水道等のわん曲部その他の水域に接近する場合は，長音1回の汽笛信号を行わなければならない。この場合において，その船舶に接近する他の船舶は，そのわん曲部の付近又は障害物の背後においてその汽笛信号を聞いたときは，長音1回の汽笛信号を行うことによりこれに応答しなければならない。
7　船舶は，2以上の汽笛をそれぞれ100メートルを超える間隔を置いて設置している場合において，第1項又は前3項の規定による汽笛信号を行うときは，これらの汽笛を同時に鳴らしてはならない。
8　第2項及び第5項後段の規定による発光信号に使用する灯火は，5海里以上の視認距離を有する白色の全周灯とし，その技術上の基準及び位置については，国土交通省令[1)]で定める。

　1)　規則第21条

第4章　音響信号及び発光信号（第34条）

立法趣旨

　船舶の運動特性として，転舵，機関の出力の変更などを行っても，その変化が外見上，顕著に現れるまでに，特に大型船舶では，若干の時間を要する。このため，汽笛信号（一部の信号については，発光信号を加えて行うことが可能）によって，自船の意図を他の船舶にできる限り早期に，かつ，明確に知らせるために汽笛信号等について規定したもの。

　航行中の動力船は，互いに他の船舶の視野の内にある場合において，左右に針路を転じ，又は機関を後進にかけている場合には，以下の汽笛信号を行わなければならない。これらの汽笛信号は，現に針路を転じているとき又は機関を後進にかけているときに行うものであり，将来の針路の変更，機関の後進を示すために行うものではない。

　この場合，汽笛信号に加えて，発光信号を10秒以上の間隔で反復して行うことができる（任意規定）。汽笛信号と発光信号は連動させる必要はない。

　「この法律の規定により」というのは，本法によって認められ，又は要求されている針路の変更，後進を行う場合である。

　認められる動作の場合

・第17条第２項（動力船である保持船が自船のみによる衝突回避動作をとる場合）

・第17条第３項（動力船である保持船が最善の協力動作をとる場合）

・第38条・第39条（切迫した危険を避けるための動作をとるため又は船員の常務としての動作をとる場合）

　要求されている動作の場合

・第９条第３項（狭い水道等において，漁ろうに従事している船舶が他の船舶の通航を妨げない動作をとる場合）

・第９条第５項（狭い水道等において，横切る動作で他の船舶の通航を妨げるような場合）

・第９条第６項（狭い水道等において，長さ20メートル未満の船舶が他の船舶の通航を妨げない動作をとる場合）

・第10条第７項（動力船である漁ろうに従事している船舶が他の船舶の通航を妨げない動作をとる場合）

・第10条第８項（長さ20メートル未満の動力船）

・第14条第１項（行会い船が互いに右転する場合）　　　等。

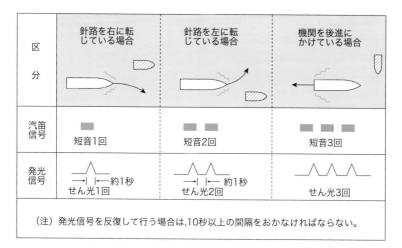

区 分	針路を右に転じている場合	針路を左に転じている場合	機関を後進にかけている場合
汽笛信号	▬ 短音1回	▬ ▬ 短音2回	▬ ▬ ▬ 短音3回
発光信号	∧ ←|←約1秒 せん光1回	∧ ∧ ←|←約1秒 せん光2回	∧ ∧ ∧ せん光3回

（注）発光信号を反復して行う場合は,10秒以上の間隔をおかなければならない。

図4-2　操船信号

2 追越し信号及び同意信号（第4項）

　狭い水道等において，追い越される船舶の協力動作がないと追越しができない場合には，第9条第4項の規定により追越し船は，他の船舶の右げん側を追い越す場合は長音2回に引き続き短音1回，左げん側を追い越す場合は長音2回に引き続き短音2回を吹鳴しなければならない。追い越される船舶は，追越しに同意した場合には，長音，短音，長音，短音の信号を行い，協力動作をとらなければならない。

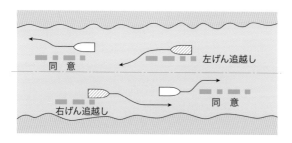

図4-3　追越し信号

3 警告信号（第5項）

　互いに他の船舶の視野の内にある船舶が，互いに接近する場合において，他の船舶の意図又は動作を理解できない場合，又は他の船舶が衝突を避ける

ための動作を十分にとっているかどうか疑わしい場合，直ちに警告信号を吹鳴しなければならない（強制規定）。この場合には，発光信号（急速に 5 回以上のせん光）を併せて行うことができる。

　他の船舶の意図が理解できない場合とは
・他の船舶が行った操船信号と実際の動作が一致しない場合
・他の船舶の汽笛信号が聞き取れなかった場合
・他の船舶が航路等を蛇行して航行している場合　　　等。
　他の船舶が衝突を避けるために十分な動作をとっているか疑わしい場合とは
・他の船舶に避航義務があるが，はっきりと避航動作をとっていると認められない場合
・その時の状況に合わせた適切な避航動作を他の船舶がとっていない場合
　　　　　　　　　　　　　　　　　　　　　　　　　　　　　　等。

4 　**汽笛吹鳴時の留意点**

　汽笛の聞こえる距離は，現実には，非常に変化が大きく，かつ，気象状況等に大きく影響される。特に強風下，又は周囲の騒音が激しい場合等は，可聴距離が著しく短くなる。長さ200メートル以上の船舶の汽笛の可聴距離は，標準で約 2 海里である。

　また，大型船舶と小型船舶の「衝突のおそれ」の認識時期が異なることから，大型船舶が保持船で「警告信号」の汽笛を吹鳴した場合，避航船である小型船舶は，「遠くで汽笛が鳴っている」，又は「どの船舶に対する汽笛なのかわからない」等，衝突を回避するための有効な信号として認識されていないことがあるので，繰り返し，信号を吹鳴する必要がある。

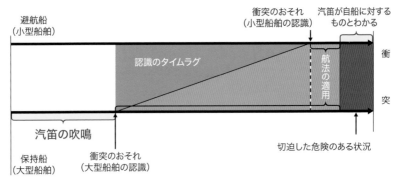

図 4-4　汽笛の効果

5 わん曲部信号（第6項）

狭い水道等のわん曲部，島陰，人口的な堤，建造物等によって自船の視界が妨げられている水域に接近する場合に行わなければならない信号及びこれに応答する信号であり，いずれも長音1回を吹鳴しなければならない。

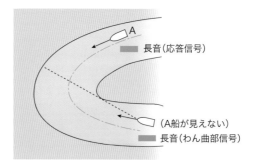

図4-5　わん曲部信号

この信号を行う時期は，自船の操縦性能，周囲の状況等によっても異なるが，障害物の背後にいる他の船舶が進行してきて，突然出会ったとしても，十分にこれを避ける余裕のある時期に吹鳴しなければならない。

6 同時吹鳴の禁止（第7項）

2つ以上の汽笛信号装置が100メートルを超える間隔で設置されている場合，これらを同時に吹鳴すると，複数の船舶がいるかのような誤解を生じるおそれがあるので，これらを同時に吹鳴することが禁止されている。

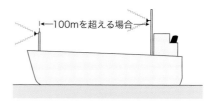

同時に吹鳴を発してはならない。

図4-6　同時吹鳴の禁止

7 発光信号に使用する灯火（第8項）

　発光信号に使用する灯火は，5海里以上の視認距離を有する白色の全周灯でなければならず，その位置については，船体の中心線上でマスト灯から2メートル以上離れた位置でなければならない（規則第21条）。

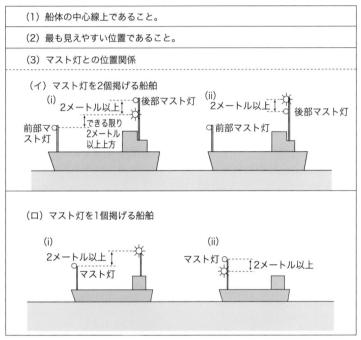

図4-7　発光信号に使用する灯火の位置

第35条　視界制限状態における音響信号

第35条　視界制限状態にある水域又はその付近における船舶の信号については，次項から第13項までに定めるところによる。
2　航行中の動力船（第4項又は第5項の規定の適用があるものを除く。次項において同じ。）は，対水速力を有する場合は，2分を超えない間隔で長音を1回鳴らすことにより汽笛信号を行わなければならない。

3　航行中の動力船は，対水速力を有しない場合は，約 2 秒の間隔の 2 回の長音を 2 分を超えない間隔で鳴らすことにより汽笛信号を行わなければならない。

4　航行中の船舶（帆船，漁ろうに従事している船舶，運転不自由船，操縦性能制限船及び喫水制限船（他の動力船に引かれているものを除く。）並びに他の船舶を引き，及び押している動力船に限る。）は，2 分を超えない間隔で，長音 1 回に引き続く短音 2 回を鳴らすことにより汽笛信号を行わなければならない。

5　他の動力船に引かれている航行中の船舶（2 隻以上ある場合は，最後部のもの）は，乗組員がいる場合は，2 分を超えない間隔で，長音 1 回に引き続く短音 3 回を鳴らすことにより汽笛信号を行わなければならない。この場合において，その汽笛信号は，できる限り，引いている動力船が行う前項の規定による汽笛信号の直後に行わなければならない。

6　びょう泊中の長さ100メートル以上の船舶（第 8 項の規定の適用があるものを除く。）は，その前部において，1 分を超えない間隔で急速に号鐘を約 5 秒間鳴らし，かつ，その後部において，その直後に急速にどらを約 5 秒間鳴らさなければならない。この場合において，その船舶は，接近してくる他の船舶に対し自船の位置及び自船との衝突の可能性を警告する必要があるときは，順次に短音 1 回，長音 1 回及び短音 1 回を鳴らすことにより汽笛信号を行うことができる。

7　びょう泊中の長さ100メートル未満の船舶（次項の規定の適用があるものを除く。）は，1 分を超えない間隔で急速に号鐘を約 5 秒間鳴らさなければならない。この場合において，前項後段の規定を準用する。

8　びょう泊中の漁ろうに従事している船舶及び操縦性能制限船は，2 分を超えない間隔で，長音 1 回に引き続く短音 2 回を鳴らすことにより汽笛信号を行わなければならない。

9　乗り揚げている長さ100メートル以上の船舶は，その前部において，1 分を超えない間隔で急速に号鐘を約 5 秒間鳴らすとともにその直前及び直後に号鐘をそれぞれ 3 回明確に点打し，かつ，その後部において，その号鐘の最後の点打の直後に急速にどらを約 5 秒間鳴らさなければならない。この場合において，その船舶は，適切な汽笛信号を行うことができる。

10　乗り揚げている長さ100メートル未満の船舶は，1 分を超えない間隔で急速に号鐘を約 5 秒間鳴らすとともにその直前及び直後に号鐘をそれぞれ 3 回明確に点打しなければならない。この場合において，前項後段の規定を準用する。

11 　長さ12メートル以上20メートル未満の船舶は，第7項及び前項の規定による信号を行うことを要しない。ただし，その信号を行わない場合は，2分を超えない間隔で他の手段を講じて有効な音響による信号を行わなければならない。

12 　長さ12メートル未満の船舶は，第2項から第10項まで（第6項及び第9項を除く。）の規定による信号を行うことを要しない。ただし，その信号を行わない場合は，2分を超えない間隔で他の手段を講じて有効な音響による信号を行わなければならない。

13 　第29条に規定する水先船は，第2項，第3項又は第7項の規定による信号を行う場合は，これらの信号のほか短音4回の汽笛信号を行うことができる。

14 　押している動力船と押されている船舶とが結合して一体となっている場合は，これらの船舶を1隻の動力船とみなしてこの章の規定を適用する。

🔍 立法趣旨

　視界制限状態において，船舶に特定の信号を行わせることにより，他の船舶を視認できない場合であっても，正確な位置は把握できないものの，互いに他の船舶の存在及び状態を早期に知り，互いに適切な動作をとることにより，衝突の防止を図るもの。

解説 **1** 霧中信号を行う時期

　本法には，具体的にどの程度，視界が制限された状態になった場合に，霧中信号を行わなければならないか明示していない。霧中信号の開始時期は，船舶の大小，操縦性能，周囲のふくそう状況等を十分に考慮して，その場で決定しなければならない。一つの目安としては，長さ12メートル未満の船舶のげん灯の法定視認距離1海里が考えられる。

　また，霧中信号は昼夜の区別なく，吹鳴しなければならない。

2 霧中信号を行わなければならない船舶

　視界制限状態にある水域又はその付近にいる船舶が吹鳴しなければならない。

3 各種船舶が行うべき霧中信号

　船舶が行うべき霧中信号は，船舶の種類・状態に応じて明確に規定されている。各種船舶の霧中信号を，図4-8～図4-10に示す。

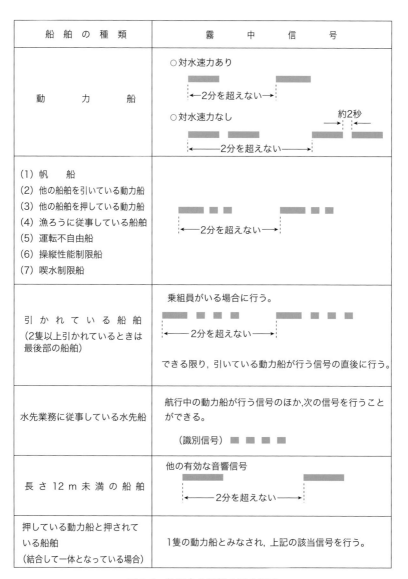

船 舶 の 種 類	霧 中 信 号
動 力 船	○対水速力あり ←2分を超えない→ ○対水速力なし　　　　　　　　　約2秒 ←2分を超えない→
(1) 帆　　船 (2) 他の船舶を引いている動力船 (3) 他の船舶を押している動力船 (4) 漁ろうに従事している船舶 (5) 運転不自由船 (6) 操縦性能制限船 (7) 喫水制限船	←2分を超えない→
引 か れ て い る 船 舶 （2隻以上引かれているときは最後部の船舶）	乗組員がいる場合に行う。 ←2分を超えない→ できる限り，引いている動力船が行う信号の直後に行う。
水先業務に従事している水先船	航行中の動力船が行う信号のほか，次の信号を行うことができる。 （識別信号）
長 さ 12 m 未 満 の 船 舶	他の有効な音響信号 ←2分を超えない→
押している動力船と押されている船舶 （結合して一体となっている場合）	1隻の動力船とみなされ，上記の該当信号を行う。

図 4-8　航行中の船舶の霧中信号

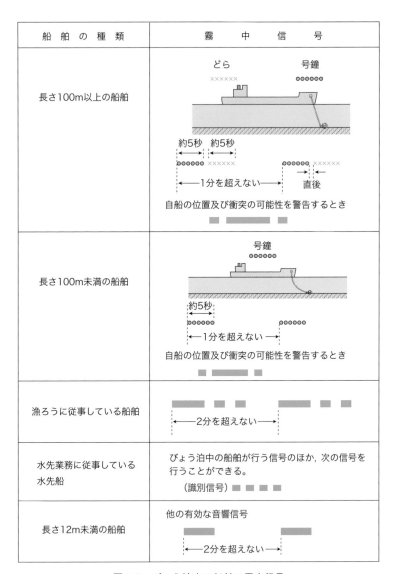

船 舶 の 種 類	霧 中 信 号
長さ100m以上の船舶	どら　　　　　号鐘 約5秒　約5秒 ←1分を超えない→　直後 自船の位置及び衝突の可能性を警告するとき
長さ100m未満の船舶	号鐘 約5秒 ←1分を超えない→ 自船の位置及び衝突の可能性を警告するとき
漁ろうに従事している船舶	←2分を超えない→
水先業務に従事している水先船	びょう泊中の船舶が行う信号のほか，次の信号を行うことができる。 （識別信号）■ ■ ■ ■
長さ12m未満の船舶	他の有効な音響信号 ←2分を超えない→

図4-9　びょう泊中の船舶の霧中信号

船　舶　の　種　類	霧　　中　　信　　号
長さ100m以上の船舶	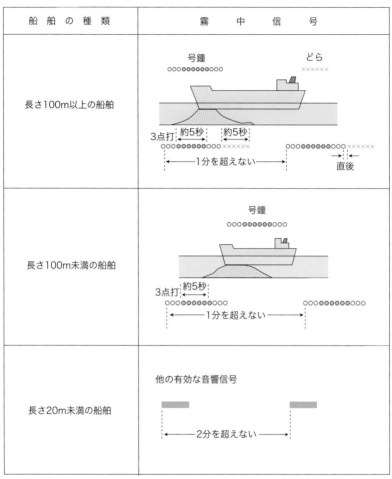
長さ100m未満の船舶	
長さ20m未満の船舶	

（注）　上記信号のほか，適切な汽笛信号を行うことができる。

図4-10　乗揚げ中の船舶の霧中信号

第36条　注意喚起信号

> **第36条**　船舶は，他の船舶の注意を喚起するために必要があると認める場合は，この法律に規定する信号と誤認されることのない発光信号又は音響による信号を行い，又は他の船舶を眩惑させない方法により危険が存する方向に探照灯を照射することができる。
> 2　前項の規定による発光信号又は探照灯による照射は，船舶の航行を援助するための施設の灯火と誤認されるものであってはならず，また，ストロボ等による点滅し，又は回転する強力な灯火を使用して行ってはならない。

🔍 立法趣旨

　注意喚起信号は，警告信号を吹鳴しなければならない「他の船舶の意図，動作を理解できない場合」又は「衝突を避けるための十分な動作をとっているか疑わしい場合」以外に他の船舶に注意を喚起するためのもの。

解説　**1**　注意喚起信号を行うことができる場合

　他の船舶の注意を喚起するために必要があると認める場合に行うことができる。注意喚起信号は任意規定であるが，信号を行えば衝突を回避できた場合等において，吹鳴しなかった場合，第39条の一般的注意義務を怠ったとされる。

　具体的に注意喚起信号を吹鳴できる場合とは，

- ・停泊中，規定の灯火を表示しているにもかかわらず，他の船舶が接近してくる場合
- ・自船が投びょう中，揚びょう中，揚びょう回頭中等のため操縦の自由が制限されている場合
- ・他の船舶が危険な水域等に接近している場合
- ・他の船舶が無灯火で航行している場合　　　等。

2　注意喚起信号の方法

　本法に規定する信号と誤認されることのない発光信号，音響信号又は他の船舶を眩惑させない手段などである。具体的には，

（1） **発光信号**

　信号灯によりモールス信号を行う，作業灯の繰り返し点滅等。

（2） **音響による信号**

　汽笛，号鐘，ホイッスル等を鳴らす，音の出るものを叩く等。

（3） **探照灯の照射**

　危険な方向を示すために探照灯
を照射する方法。この場合，探照
灯は非常に強力な光を発するので，
その照射に際しては，直接他の船
舶の船橋を照射すると船舶の運航
者の目を眩ますことになるので，
船体を照らす等，慎重に行わなけ
ればならない。

図4-11　注意喚起信号

3 「警告信号」と「注意喚起信号」

　「警告信号（第34条第5項）」と「注意喚起信号」は，他の船舶に「注意を
喚起する」という点では同じ効果を持つが，吹鳴に関して強制か任意かの違
いがある。

第37条　遭難信号

第37条　船舶は，遭難して救助を求める場合は，国土交通省令[1]で定める信号
を行わなければならない。
2　船舶は，遭難して救助を求めていることを示す目的以外の目的で前項の規
定による信号を行ってはならず，また，これと誤認されるおそれのある信
号を行ってはならない。

1）　規則第22条

🔍 **立法趣旨**

　船舶が遭難し，救助を求める場合の信号の方法等について規定したもの。

解説　**1**　**遭難信号を行わなければならない場合**

　　船舶が遭難し，救助を求める場合は，規則第22条に定める信号を行わなければならない。その信号のうち一つを行ってもいいし，いくつかを同時に行ってもよい。ただし，この遭難信号は，遭難して救助を求める目的以外の目的で行ってはならない。また，遭難信号と誤認されるおそれのある信号を行ってはならない。

2　**遭難信号の方法（規則第22条）**

⑴　約１分の間隔で行う１回の発砲その他の爆発による信号

⑵　霧中信号器による連続音響による信号

⑶　短時間の間隔で発射され，赤色の星火を発するロケット又はりゅう弾による信号

⑷　あらゆる信号方法によるモールス符号の「－－－―――－－－」（SOS）の信号

⑸　無線電話による「メーデー」という語の信号

⑹　縦に上から国際海事機関が採択した国際信号書（以下「国際信号書」という。）に定めるN旗及びC旗を掲げることによって示される遭難信号

⑺　方形旗であって，その上方又は下方に球又はこれに類似するもの１個の付いたものによる信号

⑻　船舶上の火炎（タールおけ，油たる等の燃焼によるもの）による信号

⑼　落下さんの付いた赤色の炎火ロケット又は赤色の手持ち炎火による信号

⑽　オレンジ色の煙を発することによる信号

⑾　左右に伸ばした腕を繰り返しゆっくり上下させることによる信号

⑿　デジタル選択呼出装置による2,187.5キロヘルツ，4,207.5キロヘルツ，6,312キロヘルツ，8,414.5キロヘルツ，12,577キロヘルツ若しくは16,804.5キロヘルツ又は156.525メガヘルツの周波数の電波による遭難警報

⒀　インマルサット船舶地球局（国際移動通信衛星機構が監督する法人が開設する人工衛星局の中継により海岸地球局と通信を行うために開設する船舶地球局をいう。）その他の衛星通信の船舶地球局の無線設備による遭難警報

⒁　非常用の位置指示無線標識による信号

(15)　前各号に掲げるもののほか，海上保安庁長官が告示で定める信号
　　（平成 4 年海上保安庁告示第17号，改正平成21年同告示第329号）
　　 ⅰ．衛星の中継を利用した非常用の位置指示無線標識による遭難警報
　　 ⅱ．捜索救助用のレーダートランスポンダによる信号
　　 ⅲ．直接印刷電信による「MAYDAY」という語の信号

図 4-12　遭難信号

第5章　補　　　則

第38条　切迫した危険のある特殊な状況

> **第38条**　船舶は，この法律の規定を履行するに当たっては，運航上の危険及び他の船舶との衝突の危険に十分に注意し，かつ，切迫した危険のある特殊な状況（船舶の性能に基づくものを含む。）に十分に注意しなければならない。
> 2　船舶は，前項の切迫した危険のある特殊な状況にある場合においては，切迫した危険を避けるためにこの法律の規定によらないことができる。

立法趣旨

船舶の運航者は，本法の規定を履行するに当たっては，運航上の危険，他の船舶との衝突の危険及び切迫した危険のある特殊な状況に十分注意することを明確に規定したものである。また，切迫した危険のある特殊な状況にある場合，切迫した危険を避けるため本法の規定によらないことができることを規定したものである。

解説　**1**　「切迫した危険のある特殊な状況」とは

船舶の性能上の限界，水深，気象・海象，その他の事由により，本法の規定に従うことができないような事情，又は地形，強潮流等によって船舶の運航者が相当の注意をもってしても回避できないやむを得ない事情により発生した，明白な危険が

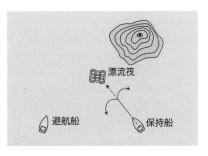

図5-1　切迫した危険のある特殊な状況

144

差し迫っている状況のことである。

② 「運航上の危険」とは

単に船舶の操縦性能上の危険のみならず，灯火及び形象物の表示，信号，見張り，航法その他運航に関するすべての事項についての危険のことである。具体的には，以下のようなものである。

(1) 灯火の発光状態が不良である場合，形象物の形状が変形している場合，灯火及び形象物が障害物により適切に表示されていない場合。

(2) 汽笛信号を吹鳴しても，逆風等により他の船舶に十分に聞こえていない場合。

(3) 経験の浅い見張り員を配置する場合，見張り員の配置が適切でない場合，適切な見張り手段を用いていない場合。

(4) 風向・風速によってその針路・速力が変化する帆船，集団操業中の漁船群の中を航行する場合。

(5) 出入港時又は狭い水道等を航行する場合，機関の S/B，投びょう準備，必要な人員配置をしていない場合。

(1)　　　　　　　　　(2)　　　　　　　　　(3)

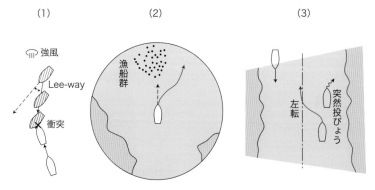

図 5-2　運航上の危険及び衝突の危険

③ 「他の船舶との衝突の危険」とは

単なる「衝突のおそれ」とは異なり，他の船舶との「衝突の蓋然性（起こる確実性や度合い）」が非常に高く，現実に衝突の危険があることである。具体的には，以下のような場合がある。

(1) 狭い水道等において，強潮流のある場合又は船舶交通のふくそうする場合に，長大物件等をえい航している船舶が避航船となる場合。

(2)　2隻の船舶間において，保持船である船舶が，第三船の出現によって第三船に対して避航船となった場合。

(3)　避航することが困難である艦隊航行中の艦船が避航船となった場合。

4　本法の規定からの離脱

　切迫した危険のある特殊な状況にある場合，その切迫した危険を避けるために本法の規定に従わなくてもよい（いわゆる「臨機の処置」）場合がある。むやみやたらと本法から離脱することは許されず，その要件としては，

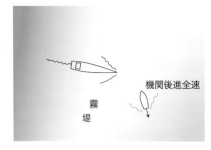

図5-3　臨機の処置

(1)　単に危険があるだけではなく，切迫した危険があること。

(2)　本法の規定に従っては，切迫した危険を避けることができないこと。

(3)　本法の規定から離脱することが唯一の方法で，かつ，切迫した危険を避けることができること。

5　第17条第3項と第38条第2項の関係

　第17条第3項の規定は，保持船の保持義務を厳格に履行することを前提としたものであり，避航船の避航動作のみで衝突を避けることができる場合は適用されない。一方，第38条第2項の規定は，切迫した危険のある特殊な状況にある場合で，切迫した危険を避けるためには本法の規定から離脱することができるとしたもので，保持船，避航船にかかわらず適用される。第38条でいう「危険」とは，単に衝突の危険のみならず，広く運航上の全ての危険のことであり，適用される範囲も広く，かつ，適用の時期は明白に危険が差し迫っていることが要件となっている。

　第17条第3項及び第38条第2項は，ともにいわゆる「臨機の処置」について規定したものであるが，適用の範囲及び時期において異なる。第38条第2項の規定は，本法の諸規定全般にわたる補完規定といえる。

> **第39条**　この法律の規定は，適切な航法で運航し，灯火若しくは形象物を表示し，若しくは信号を行うこと又は船員の常務として若しくはその時の特殊な状況により必要とされる注意をすることを怠ることによって生じた結果について，船舶，船舶所有者，船長又は海員の責任を免除するものではない。

🔍 立法趣旨

> 船舶，船舶所有者，船長又は海員が相当の注意義務を果たさなければ，その責任を問われることを明確にし，間接的に本法の諸規定の履行を義務付けたものである。

解説　**１**　「船員の常務」とは

　「通常の船員ならば当然知っているはずの知識，経験，慣行」であり，「船舶の運航上の適切な慣行（第8条第1項）」と似ているが，その範囲が「運航上の運用」に限られていない。「船員の常務」は極めて広範囲なものであるが，その内容は，その時の状況に応じて常識的，客観的に判断されるものである。具体的には，以下のようなものである。

(1)　びょう泊中（停泊中）
　・他の船舶又は物件に接近してびょう泊しない。
　・びょう地の底質，潮流等について事前に把握し，走びょう，からみいかりに注意する。
　・天候の変化に注意し，要すれば機関の準備をすること。

(2)　航行中
　・離岸中や揚投びょう中の他の船舶に接近しない。
　・港内，狭い水道等では減速して航行する。
　・狭い水道等では，機関のS/B，投びょう準備，見張り員の増員等を実施する。

　また，本法の規定に違反していなくても，「船員の常務」として当然必要な注意を怠っていた場合には，運航上の過失がないとはいうことはできない。

2 結果についての責任

　本法の規定に違反したことが原因となって衝突等の事故が発生した場合には，本法自体には罰則規定がないが，船長等の当該事故の関係者は，事故を引き起こしたことに関して，他の法律の規定によって，刑事責任，民事責任及び行政上の処分を受ける。

(1)　刑事上の責任：往来妨害及び同致死傷（刑法第124条），往来危険（刑法第125条第2項），汽車転覆等及び同致死（刑法第126条第2項），往来危険による汽車転覆等（刑法第127条），未遂罪（刑法第128条），過失往来危険（刑法第129条），過失傷害（刑法第209条），過失致死（刑法第210条），業務上過失致死傷等（刑法第211条）

(2)　民事上の責任：不法行為による損害賠償（民法第709条），財産以外の損害の賠償（民法第710条）

(3)　行政上の処分：懲戒（海難審判法第3条），懲戒の種類（海難審判法第4条）

1972年国際海上衝突予防規則と第38条・第39条について

　本法第38条（切迫した危険のある特殊な状況）に相当する規定は1972年国際海上衝突予防規則第2条(b)，同第39条（注意を怠ることについての責任）は同国際規則第2条(a)に規定されている（付録3頁参照）。

　同国際規則第2条は，条文のタイトルも Responsibility（責任）とし，船員の常務として適切な航法で運航し，灯火・形象物を表示すること，信号を行うこと，またその時の特殊な状況により必要とされる注意を怠ることによって生じた結果について，責任を免れないことを規則のはじめの部分で規定することによって，船舶の運航者に対して，規則を遵守することを明確にしている。

　一方，本法は，旧海上衝突予防法（1960年の国際海上衝突予防規則に準拠）からの継続性に配慮した条文の構成としているため，船舶を運航者にとって非常に重要な事項である1972年国際海上衝突予防規則第2条に相当するものが第38条及び第39条として第5章補則に規定された。本来の観点からすれば国際規則と同様に本法のはじめの部分に規定されるべきものである。

第40条 第16条，第17条，第20条（第4項を除く。），第34条（第4項から第6項までを除く。），第36条，第38条及び前条の規定は，他の法令において定められた航法，灯火又は形象物の表示，信号その他運航に関する事項についても適用があるものとし，第11条の規定は，他の法令において定められた避航に関する事項について準用するものとする。

立法趣旨

　他の法令に定められた航法，灯火，形象物，信号などに関する事項についても，本法の適用又は準用があることを明確に規定したもの。

解説 **1** 適用される規則

　本法は，海上交通に関する基本的な規則を定めた法律であるので，港則法又は海上交通安全法の適用水域であっても，これらの法律で本法に抵触する定めをしていない限り，一般原則である本法が適用される。

2 準用される規則

　港則法及び海上交通安全法の避航に関する規定は，互いに他の船舶の視野の内にある船舶についてのみ，準用される。

表5-1　他の法令の航法等への適用及び準用

適用	航法，灯火又は形象物の表示，信号その他運航に関する事項	第16条 避航船 第17条 保持船 第20条 灯火・形象物の表示（第4項を除く） 第34条 操船信号（第4項から第6項を除く） 第36条 注意喚起信号 第38条 切迫した危険のある特殊な状況 第39条 注意等を怠ることについての責任
準用	避航に関する事項	第11条 互いに他の船舶の視野の内にある船舶に準用

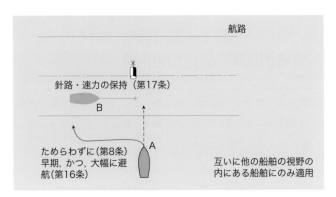

図 5-4　避航に関する規定の適用

第41条　この法律の規定の特例

第41条　船舶の衝突予防に関し遵守すべき航法，灯火又は形象物の表示，信号その他運航に関する事項であって，港則法（昭和23年法律第174号）又は海上交通安全法（昭和47年法律第115号）の定めるものについては，これらの法律の定めるところによる。

2　政令[1)]で定める水域における水上航空機等の衝突予防に関し遵守すべき航法，灯火又は形象物の表示，信号その他運航に関する事項については，政令で特例を定めることができる。

3　国際規則第1条（c）に規定する位置灯，信号灯，形象物若しくは汽笛信号又は同条（e）に規定する灯火若しくは形象物の数，位置，視認距離若しくは視認圏若しくは音響信号装置の配置若しくは特性（次項において「特別事項」という。）については，国土交通省令[2)]で特例を定めることができる。

4　条約の締約国である外国が特別事項について特例の規則を定めた場合において，国際規則第1条（c）又は（e）に規定する船舶であって当該外国の国籍を有するものが当該特別の規則に従うときは，当該特別の規則に相当するこの法律又はこの法律に基づく命令の規定は，当該船舶について適用しない。

1)　現在のところ，政令の定めはない（2018年12月）。

2)　規則第23条　特例

第23条　海上自衛隊の使用する船舶のうち自衛艦であって次の表の第一欄に掲げるものについては，同表の第二欄に掲げる法又はこの省令の規定中同表の第三欄に掲げる字句は，同表の第四欄に掲げる字句に読み替えて，これらの規定を適用する。

第一欄	第二欄	第三欄	第四欄
潜水艦	法第23条第1項第1号	長さ50メートル未満の動力船	潜水艦
	第9条第1項第1号	6メートル（船舶の最大の幅が6メートルを超える動力船にあっては，その幅）以上であること。ただし，その高さは，12メートルを超えることを要しない。	4メートル以上であること。
	第13条第1項	4.5メートル	1メートル
	第13条第2項	6メートル	2メートル
潜水艦以外の自衛艦	法第21条第1項	船舶の中心線上	船舶の中心線上（甲板室が船舶の中心線の片側に設けられている長さ12メートル以上の護衛艦及び輸送艦（第23条第1項第1号及び第27条第2項第2号において「特定護衛艦等」という。）にあっては，できる限り船舶の中心線の近く）
	法第23条第1項第1号	マスト灯よりも後方の高い位置	マスト灯よりも後方の高い位置（特定護衛艦等にあっては，当該マスト灯が装置されている位置から船舶の中心線に平行に引いた直線上の，かつ，当該マスト灯よりも後方の高い位置。次条第1項第1号及び第2項第1号において同じ。）
	法第24条第1項第1号	長さ50メートル未満の動力船	潜水艦以外の自衛艦
	法第27条第2項第2号	2個	2個（特定護衛艦等にあっては，船舶の中心線に平行に引いた直線上に2個。第4項第2号において同じ。）
		第4項第2号	同号
	第9条第1項第1号	（船舶の最大の幅が6メートルを超える動力船にあっては，その幅）以上であること。ただし，その高さは，12メートルを超えることを要しない。）	（護衛艦，ミサイル艇及び最大速力が25ノットを超える特務艇にあっては，4メートル）以上であること。

第9条第4項	他のすべての灯火（前部マスト灯及び後部マスト灯以外のマスト灯，第14条第3項各号に規定する位置に掲げる全周灯並びに法第34条第8項に規定する灯火を除く。）よりも上方でなければならず，かつ，これらの灯火及び妨害となる上部構造物	妨害となる上部構造物
第10条第1項	当該動力船の長さの2分の1	これらの灯火の船体上の高さの差
第10条第2項	4分の1	2分の1
第10条第3項	長さ20メートル未満の動力船	長さ50メートル未満の潜水艦以外の自衛艦
第11条第1号ニ	前部マスト灯よりも前方になく	できる限り前部マスト灯の後方にあり
第12条第1項の表長さ20メートル以上の船舶の項	2メートル	2メートル（ミサイル艇及び最大速力が25ノットを超える特務艇が2個の灯火を垂直線上に掲げる場合並びに掃海艇が3個の灯火を垂直線上に掲げる場合にあっては，1メートル）
第13条第1項	4.5メートル	1メートル
第13条第2項	6メートル	2.5メートル

2　海上保安庁の使用する船舶であって，次の表の第一欄に掲げるものについては，同表の第二欄に掲げる法又はこの省令の規定中同表の第三欄に掲げる字句は，同表の第四欄に掲げる字句に読み替えてこれらの規定を適用する。

第一欄	第二欄	第三欄	第四欄
回転翼航空機を搭載する巡視船	法第24条第1項第1号	長さ50メートル未満の動力船	回転翼航空機を搭載する巡視船
	第9条第1項第1号	12メートル	7メートル
	第9条第4項	他のすべての灯火（前部マスト灯及び後部マスト灯以外のマスト灯，第14条第3項各号に規定する位置に掲げる全周灯並びに法第34条第8項に規定する灯火を除く。）よりも上方でなければならず，かつ，これらの灯火及び妨害となる上部構造物	妨害となる上部構造物
	第10条第1項	当該動力船の長さの2分の1	これらの灯火の船体上の高さの差
	第10条第2項	4分の1	5分の2

回転翼航空機を搭載する巡視船以外の巡視船	第11条第1号ニ	前部マスト灯よりも前方になく	できる限り前部マスト灯の後方にあり
	第10条第1項	当該動力船の長さの2分の1	これらの灯火の船体上の高さの差
	第10条第2項	4分の1	5分の2
	第10条第3項	長さ20メートル未満の動力船	長さ50メートル未満の回転翼航空機を搭載する巡視船以外の巡視船
	第11条第1号ニ	前部マスト灯よりも前方になく	できる限り前部マスト灯の後方にあり

3　前二項に規定する船舶以外の船舶であって，法第41条第3項に規定する特別事項に該当する事項のうち灯火若しくは形象物の数，位置，視認距離若しくは視認圏又は音響信号装置の配置若しくは特性について定めた法又はこの省令の規定を適用することがその特殊な構造又は目的のため困難であると国土交通大臣が認定したものに対するこれらの規定の適用については，これらの規定にかかわらず，国土交通大臣の指示するところによるものとする。

🔍 立法趣旨

　港湾内や内水等の船舶交通のふくそうする水域や地理的な制約等により，本法の規定のみでは船舶間の衝突を予防することが十分でない場合があるので，特別の規定を設けることと，集団漁ろうに従事している船舶等の灯火，特殊な構造の船舶等がその機能を損なわないように灯火及び音響信号装置の配置等について，特別の規定を定めたものである。

第5章

補則（第41条）

解説　**1**　港則法と海上交通安全法（第1項）

　本法と特別規則との関係は，一般法と特別法の関係であり，特別法が優先して適用される。

　特別法の定めている事項については特別法が優先して適用され，一般法の規定は特別法の規定と矛盾又抵触していない事項のみが適用される。

　港則法及び海上交通安全法は，

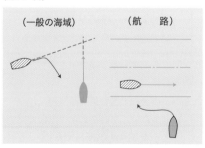

図5-5　避航関係の逆転

本法の特別法であるので，これらの法律の適用水域において，本法の規定に

優先して適用される。

　例えば，動力船間で横切り関係になった場合，一般水域では他の船舶を右げん側に見る動力船が避航する義務がある（第15条）が，海上交通安全法に規定された航路をこれに沿って航行している場合は，避航関係が逆転する（海上交通安全法第3条）。

2　水上航空機に関する特例（第2項）

　水上航空機は，構造，運航方法等が特殊であることから，その航法等について特例を政令で定めることができるとしている。現在のところ，政令の定めはない。

3　集団漁ろうに従事している船舶，自衛艦及び巡視船等の特例（第3項）

　1972年の国際海上衝突予防規則第1条（c）（e）付録3頁参照。

　日本においては，本法施行規則第23条で，自衛艦及び巡視船について特例が定められている。

4　外国が特別事項について特別の規則を定めた場合（第4項）

　1972年の国際海上衝突予防規則の締約国が灯火等の特例に関する特別の規定を定めた場合，その国の当該船舶は，日本の領海内においても，その規則に従っていれば，その特別の規則に相当する本法（省令を含む）の規定は適用されず，規定違反とはならない。

第42条　経　過　措　置

> **第42条**　この法律の規定に基づき命令を制定し，又は改廃する場合においては，その命令で，その制定又は改廃に伴い合理的に必要と判断される範囲内において，所要の経過措置[1]を定めることができる。

　1）　規則附則第2項～第7項

経過措置

2　次の表の上欄に掲げる事項については，この省令の施行の日前に建造され，又は建造に着手された船舶であって同表の中欄に掲げるものは，同表の下欄に掲げるこの省令の規定にかかわらず，なお従前の例によることができる。

前部マスト灯の位置	長さ12メートル以上12.19メートル未満の動力船	第9条第1項第2号本文
前部マスト灯をげん縁上2.5メートル未満の高さに掲げる場合におけるげん灯の位置	長さ20メートル未満の船舶	第11条第1号ハ
両色灯の位置	長さ19.80メートル未満の船舶	第11条第2号
連掲する灯火の間の距離	長さ20メートル以上の船舶トロール以外の漁法により漁ろうに従事している長さ12.19メートル未満の船舶	第12条第1項の表長さ20メートル未満の船舶の項距離の欄第1号
漁具を出している方向を示す灯火の白色の全周灯からの水平距離	トロール以外の漁法により漁ろうに従事している船舶	第15条第1項第1号

3　この省令の施行の日前に建造され，又は建造に着手された船舶は，第2条及び第4条の規定にかかわらず，この省令の施行の日から起算して4年を経過する日までは，同条の基準に適合する灯火を掲げることを要しない。

4　この省令の施行の日前に建造され，又は建造に着手された動力船は，第10条第1項及び第2項の規定にかかわらず，これらの規定に適合する位置にマスト灯を掲げることを要しない。ただし，長さ150メートル以上の動力船については，この省令の施行の日から起算して9年を経過する日までの間に限る。

5　この省令の施行の日前に建造され，又は建造に着手された船舶は，第11条第1号（イ及びニに係る部分に限る。）の規定にかかわらず，この省令の施行の日から起算して9年を経過する日までは，これらの規定に適合する位置にげん灯を掲げることを要しない。

6　この省令の施行の日前に建造され，又は建造に着手された船舶は，第14条第1項の規定にかかわらず，この規定に適合する位置に全周灯を掲げることを要しない。

7　この省令の施行の日前に建造され，又は建造に着手された船舶は，第18条から第20条までの規定にかかわらず，この省令の施行の日から起算して9年を経過する日までは，これらの規定の基準に適合する音響信号設備を備えることを要しない。

🔍 **立法趣旨**

本法に関連する法令の制定及び改廃に必要な措置を定めたもの。

解説 **1** 本法の規定に基づき，命令（政令，省令）を制定し，又は改廃する場合には，その委任された範囲内において，その命令で所要の経過措置を定めることができるものとしている。

2 本条に基づき，灯火，形象物，音響信号設備の技術基準，位置について規則の附則（第2項～第7項）で経過措置を定めている。

付　　　録

International Regulations for
Preventing Collisions at Sea, 1972

1972年国際海上衝突予防規則

International Regulations for Preventing Collisions at Sea, 1972

PART A – GENERAL

Rule 1 Application

(a) These Rules shall apply to all vessels upon the high seas and in all waters connected therewith navigable by seagoing vessels.

(b) Nothing in these Rules shall interfere with the operation of special rules made by an appropriate authority for roadsteads, harbours, rivers, lakes or inland waterways connected with the high seas and navigable by seagoing vessels. Such special rules shall conform as closely as possible to these Rules.

(c) Nothing in these Rules shall interfere with the operation of any special rules made by the Government of any State with respect to additional station or signal lights, shapes or whistle signals for ships of war and vessels proceeding under convoy, or with respect to additional station or signal lights, or shapes for fishing vessels engaged in fishing as a fleet. These additional station or signal lights, shapes or whistle signals shall, so far as possible, be such that they cannot be mistaken for any light, shape or signal authorized elsewhere under these Rules.

(d) Traffic separation schemes may be adopted by the Organization for the purpose of these Rules.

(e) Whenever the Government concerned shall have determined that a vessel of special construction or purpose cannot comply fully with the provisions of any of these Rules with respect to the number, position, range or arc of visibility of lights or shapes, as well as to the disposition and characteristics of sound-signalling appliances, such vessel shall comply with such other provisions in regard to the number, position, range or arc of visibility of lights or shapes, as well as to the disposition and characteristics of sound-signalling appliances, as her Government shall have determined to be the closest possible compliance with these Rules in respect of that vessel.

Rule 2 Responsibility

(a) Nothing in these Rules shall exonerate any vessel, or the owner, master or crew thereof, from the consequences of any neglect to comply with these Rules or of the neglect of any precaution which may be required by the ordinary practice of seamen, or by the special circumstances of the case.

(b) In construing and complying with these Rules due regard shall be had to all dangers of navigation and collision and to any special circumstances, including the limitations of the vessels involved, which may make a departure from these Rules necessary to avoid immediate danger.

1972年国際海上衝突予防規則

A部 総則

第1条 適用

(a) この規則は，公海及びこれに通じ，かつ，海上航行船舶が航行することができるすべての水域の水上にあるすべての船舶に適用する。

(b) この規則のいかなる規定も，停泊地，港湾，河川若しくは湖沼又は公海に通じ，かつ，海上航行船舶が航行することができる内水路について，権限のある当局が定める特別規則の実施を妨げるものではない。特別規則は，できる限りこの規則に適合していなければならない。

(c) この規則のいかなる規定も，2隻以上の軍艦若しくは護送されている船舶のための追加の位置灯，信号灯，形象物若しくは汽笛信号又は集団で漁ろうに従事している漁船のための追加の位置灯，信号灯若しくは形象物に関して各国の政府が定める特別規則の実施を妨げるものではない。これらの位置灯，信号灯，形象物又は汽笛信号は，できる限り，この規則に定める灯火，形象物又は信号と誤認されないものでなければならない。

(d) 機関は，この規則の適用上，分離通航方式を採択することができる。

(e) 特殊な構造又は目的を有する船舶がこの規則の灯火若しくは形象物の数，位置，視認距離若しくは視認圏に関する規定又はこの規則の音響信号装置の配置若しくは特性に関する規定に従うことはできないと関係政府が認める場合には，当該船舶は，灯火若しくは形象物の数，位置，視認距離若しくは視認圏又は音響信号装置の配置若しくは特性について，当該政府がこの規則の規定に最も近いと認める他の規則に従わなければならない。

第2条 責任

(a) この規則のいかなる規定も，この規則を遵守することを怠ること又は船員の常務として必要とされる注意若しくはその時の特殊な状況により必要とされる注意を払うことを怠ることによって生じた結果について，船舶，船舶所有者，船長又は海員の責任を免除するものではない。

(b) この規則の規定の解釈及び履行に当たっては，運航上の危険及び衝突の危険に対して十分な注意を払わなければならず，かつ，切迫した危険のある特殊な状況（船舶の性能に基づくものを含む。）に十分な注意を払わなければならない。この特殊な状況の場合においては，切迫した危険を避けるため，この規則の規定によらないことができる。

Rule 3 General Definitions

For the purpose of these Rules, except where the context otherwise requires:

(a) The word "vessel" includes every description of water craft, including non-displacement craft, WIG craft and seaplanes, used or capable of being used as a means of transportation on water.

(b) The term "power-driven vessel" means any vessel propelled by machinery.

(c) The term "sailing vessel" means any vessel under sail provided that propelling machinery, if fitted, is not being used.

(d) The term "vessel engaged in fishing" means any vessel fishing with nets, lines, trawls or other fishing apparatus which restrict manoeuvrability, but does not include a vessel fishing with trolling lines or other fishing apparatus which do not restrict manoeuvrability.

(e) The word "seaplane" includes any aircraft designed to manoeuvre on the water.

(f) The term "vessel not under command" means a vessel which through some exceptional circumstance is unable to manoeuvre as required by these Rules and is therefore unable to keep out of the way of another vessel.

(g) The term "vessel restricted in her ability to manoeuvre" means a vessel which from the nature of her work is restricted in her ability to manoeuvre as required by these Rules and is therefore unable to keep out of the way of another vessel.

The term "vessels restricted in their ability to manoeuvre" shall include but not be limited to:

(i) a vessel engaged in laying, servicing or picking up a navigation mark, submarine cable or pipeline;

(ii) a vessel engaged in dredging, surveying or underwater operations;

(iii) a vessel engaged in replenishment or transferring persons, provisions or cargo while underway;

(iv) a vessel engaged in the launching or recovery of aircraft;

(v) a vessel engaged in mine clearance operations;

(vi) a vessel engaged in a towing operation such as severely restricts the towing vessel and her tow in their ability to deviate from their course.

(h) The term "vessel constrained by her draught" means a power-driven vessel which because of her draught in relation to the available depth and width of navigable water is severely restricted in her ability to deviate from the course she is following.

(i) The word "underway" means that a vessel is not at anchor, or made fast to the shore, or aground.

(j) The words "length" and "breadth" of a vessel mean her length overall and greatest breadth.

(k) Vessels shall be deemed to be in sight of one another only when one can be observed visually from the other.

(l) The term "restricted visibility" means any condition in which visibility is restricted by

第3条　一般的定義

　この規則の規定の適用上，文脈により別に解釈される場合を除くほか，

(a)　「船舶」とは，水上輸送の用に供され又は供することができる船舟類（無排水量船，表面効果翼船及び水上航空機を含む。）をいう。

(b)　「動力船」とは，推進機関を用いて推進する船舶をいう。

(c)　「帆船」とは，帆を用いている船舶（推進機関を備え，かつ，これを用いているものを除く。）をいう。

(d)　「漁ろうに従事している船舶」とは，操縦性能を制限する網，なわ，トロールその他の漁具を用いて漁ろうに従事している船舶をいい，操縦性能を制限しない引きなわその他の漁具を用いて漁ろうをしている船舶を含まない。

(e)　「水上航空機」とは，水上を移動することができる航空機をいう。

(f)　「運転が自由でない状態にある船舶」とは，例外的な事情によりこの規則に従って操縦することができず，このため他の船舶の進路を避けることができない船舶をいう。

(g)　「操縦性能が制限されている船舶」とは，自船の作業の性質によりこの規則に従って操縦することが制限されており，このため他の船舶の進路を避けることができない船舶をいう。

　　操縦性能が制限されている船舶には，次の船舶を含める。

(i)　航路標識，海底電線又は海底パイプラインの敷設，保守又は引揚げに従事している船舶

(ii)　しゅんせつ，測量又は水中作業に従事している船舶

(iii)　航行中において補給，人の移乗又は食糧若しくは貨物の積替えに従事している船舶

(iv)　航空機の発着の作業に従事している船舶

(v)　掃海作業に従事している船舶

(vi)　引いている船舶及び引かれている物件が進路から離れることを著しく制限するようなえい航作業に従事している船舶

(h)　「喫水による制限を受けている船舶」とは，自船の喫水と航行することができる水域の利用可能な水深及び幅との関係により進路から離れることを著しく制限されている動力船をいう。

(i)　「航行中」とは，船舶がびょう泊し，陸岸に係留し又は乗り揚げていない状態をいう。

(j)　船舶の「長さ」及び「幅」とは，船舶の全長及び最大幅をいう。

(k)　2隻の船舶は，互いに視覚によって他の船舶を見ることができる場合に限り，互いに他の船舶の視野の内にあるものとする。

(l)　「視界が制限されている状態」とは，霧，もや，降雪，暴風雨，砂あらしその他こ

fog, mist, falling snow, heavy rainstorms, sandstorms or any other similar causes.

(m) The term "wing-in-ground (WIG) craft" means a multimodal craft which, in its main operational mode, flies in close proximity to the surface by utilizing surface-effect action.

PART B – STEERING AND SAILING RULES
SECTION I – CONDUCT OF VESSELS IN ANY CONDITION OF VISIBILITY
Rule 4 Application

Rules in this Section apply in any condition of visibility.

Rule 5 Look-out

Every vessel shall at all times maintain a proper look-out by sight and hearing as well as by all available means appropriate in the prevailing circumstances and conditions so as to make a full appraisal of the situation and of the risk of collision.

Rule 6 Safe speed

Every vessel shall at all times proceed at a safe speed so that she can take proper and effective action to avoid collision and be stopped within a distance appropriate to the prevailing circumstances and conditions.

In determining a safe speed the following factors shall be among those taken into account:

(a) By all vessels:
  (i) the state of visibility;
  (ii) the traffic density including concentrations of fishing vessels or any other vessels;
  (iii) the manoeuvrability of the vessel with special reference to stopping distance and turning ability in the prevailing conditions;
  (iv) at night the presence of background light such as from shore lights or from back scatter of her own lights;
  (v) the state of wind, sea and current, and the proximity of navigational hazards;
  (vi) the draught in relation to the available depth of water.

(b) Additionally, by vessels with operational radar:
  (i) the characteristics, efficiency and limitations of the radar equipment;
  (ii) any constraints imposed by the radar range scale in use;
  (iii) the effect on radar detection of the sea state, weather and other sources of interference;
  (iv) the possibility that small vessels, ice and other floating objects, may not be detected by radar at an adequate range;
  (v) the number, location and movement of vessels detected by radar;

れらに類する原因によって視界が制限されている状態をいう。
⒨　「表面効果翼船」とは，多形態船舟であって，主な運航形態においては表面効果作用を利用することにより水面と著しく接近して飛行するものをいう。

B部　操船規則及び航行規則
第1章　あらゆる視界の状態における船舶の航法
第4条　適　用
この章の規定は，あらゆる視界の状態において適用する。

第5条　見張り
すべての船舶は，その置かれている状況及び衝突のおそれを十分に判断することができるように，視覚及び聴覚により，また，その時の状況に適したすべての利用可能な手段により，常に適切な見張りを行っていなければならない。

第6条　安全な速力
すべての船舶は，衝突を避けるために適切かつ有効な動作をとることができるように，また，その時の状況に適した距離で停止することができるように，常に安全な速力で進行しなければならない。

安全な速力の決定に当たっては，特に次の事項を考慮しなければならない。

⒜　すべての船舶が考慮すべき事項
　⒤　視界の状態
　⒤⒤　交通のふくそう状況（漁船その他の船舶の集中を含む。）
　⒤⒤⒤　その時の状況における船舶の操縦性能，特に，停止距離及び旋回性能
　⒤⒱　夜間における陸岸の灯火，自船の灯火の反射等による灯光の存在
　⒱　風，海面及び海潮流の状態並びに航路障害物との近接状態
　⒱⒤　自船の喫水と利用可能な水深との関係
⒝　レーダーを使用している船舶がさらに考慮すべき事項
　⒤　レーダーの特性，性能及び限界
　⒤⒤　使用しているレーダーレンジによる制約
　⒤⒤⒤　海象，気象その他の干渉原因によるレーダー探知上の影響
　⒤⒱　小型船舶，氷その他の浮遊物件は，適切なレンジにおいてもレーダーにより探知することができない場合があること。
　⒱　レーダーにより探知した船舶の数，位置及び動向

(vi) the more exact assessment of the visibility that may be possible when radar is used to determine the range of vessels or other objects in the vicinity.

Rule 7 Risk of collision

(a) Every vessel shall use all available means appropriate to the prevailing circumstances and conditions to determine if risk of collision exists. If there is any doubt such risk shall be deemed to exist.

(b) Proper use shall be made of radar equipment if fitted and operational, including long-range scanning to obtain early warning of risk of collision and radar plotting or equivalent systematic observation of detected objects.

(c) Assumptions shall not be made on the basis of scanty information, especially scanty radar information.

(d) In determining if risk of collision exists the following considerations shall be among those taken into account:

(i) such risk shall be deemed to exist if the compass bearing of an approaching vessel does not appreciably change;

(ii) such risk may sometimes exist even when an appreciable bearing change is evident, particularly when approaching a very large vessel or a tow or when approaching a vessel at close range.

Rule 8 Action to avoid collision

(a) Any action to avoid collision shall be taken in accordance with the rules of this Part and, if the circumstances of the case admit, be positive, made in ample time and with due regard to the observance of good seamanship.

(b) Any alteration of course and/or speed to avoid collision shall, if the circumstances of the case admit, be large enough to be readily apparent to another vessel observing visually or by radar; a succession of small alterations of course and/or speed should be avoided.

(c) If there is sufficient sea room, alteration of course alone may be the most effective action to avoid a close-quarters situation provided that it is made in good time, is substantial and does not result in another close-quarters situation.

(d) Action taken to avoid collision with another vessel shall be such as to result in passing at a safe distance. The effectiveness of the action shall be carefully checked until the other vessel is finally past and clear.

(e) If necessary to avoid collision or allow more time to assess the situation, a vessel shall slacken her speed or take all way off by stopping or reversing her means of propulsion.

⒱　付近の船舶その他の物件との距離の測定にレーダーを使用することにより視界の状態を一層正確に把握することができる場合があること。

第7条　衝突のおそれ

⒜　すべての船舶は，衝突のおそれがあるかどうかを判断するため，その時の状況に適したすべての利用可能な手段を用いなければならない。衝突のおそれがあるがどうか疑わしい場合には，衝突のおそれがあるものとする。

⒝　レーダーを装備し，かつ，使用しているときは，これを適切に利用しなければならない。その適切な利用とは，例えば，衝突のおそれを早期に知るための長距離レンジによる走査及び探知した物件についてレーダープロッティングその他これと同様の系統的な観察を行うことをいう。

⒞　不十分な情報，特に，不十分なレーダー情報に基づいて憶測してはならない。

⒟　衝突のおそれがあるかどうかを判断するに当たっては，特に次のことを考慮しなければならない。

(ⅰ)　接近してくる船舶のコンパス方位に明確な変化が認められない場合には，衝突のおそれがあるものとすること。

(ⅱ)　コンパス方位に明確な変化が認められる場合においても，特に，大型船舶若しくはえい航している船舶に接近するとき又は近距離で船舶に接近するときは，衝突のおそれがあり得ること。

第8条　衝突を避けるための動作

⒜　衝突を避けるためのいかなる動作も，この部の規則に従い，かつ，状況の許す限り，十分に余裕のある時期に，船舶の運用上の適切な慣行に従ってためらわずにとられなければならない。

⒝　衝突を避けるための針路又は速力のいかなる変更も，状況の許す限り，視覚又はレーダーによって見張りを行っている他の船舶が容易に認めることができるように十分に大きいものでなければならない。針路又は速力を小刻みに変更することは，避けなければならない。

⒞　十分に広い水域がある場合には，針路のみの変更であっても，その変更が，適切な時期に行われ，大幅であり，かつ，著しく接近する状態を新たに引き起こさない限り，著しく接近する状態を避けるための最も有効な動作となり得る。

⒟　他の船舶との衝突を避けるための動作は，安全な距離を保って通航することとなるものでなければならない。その動作の効果は，他の船舶が完全に通過し，かつ，十分に遠ざかるまで注意深く確かめなければならない。

⒠　船舶は，衝突を避けるために又は状況を判断するための時間的余裕を得るために必要な場合には，速力を減じ，又は推進機関を停止し若しくは後進にかけることにより行きあしを完全に止めなければならない。

(f) (i) A vessel which, by any of these rules, is required not to impede the passage or safe passage of another vessel shall, when required by the circumstances of the case, take early action to allow sufficient sea room for the safe passage of the other vessel.

(ii) A vessel required not to impede the passage or safe passage of another vessel is not relieved of this obligation if approaching the other vessel so as to involve risk of collision and shall, when taking action, have full regard to the action which may be required by the rules of this Part.

(iii) A vessel the passage of which is not to be impeded remains fully obliged to comply with the rules of this part when the two vessels are approaching one another so as to involve risk of collision.

Rule 9 Narrow channels

(a) A vessel proceeding along the course of a narrow channel or fairway shall keep as near to the outer limit of the channel or fairway which lies on her starboard side as is safe and practicable.

(b) A vessel of less than 20 metres in length or a sailing vessel shall not impede the passage of a vessel which can safely navigate only within a narrow channel or fairway.

(c) A vessel engaged in fishing shall not impede the passage of any other vessel navigating within a narrow channel or fairway.

(d) A vessel shall not cross a narrow channel or fairway if such crossing impedes the passage of a vessel which can safely navigate only within such channel or fairway. The latter vessel may use the sound signal prescribed in Rule 34(d) if in doubt as to the intention of the crossing vessel.

(e) (i) In a narrow channel or fairway when overtaking can take place only if the vessel to be overtaken has to take action to permit safe passing, the vessel intending to overtake shall indicate her intention by sounding the appropriate signal prescribed in Rule 34(c) (i). The vessel to be overtaken shall, if in agreement, sound the appropriate signal prescribed in Rule 34(c)(ii) and take steps to permit safe passing. If in doubt she may sound the signals prescribed in Rule 34(d).

(ii) This Rule does not relieve the overtaking vessel of her obligation under Rule 13.

(f) A vessel nearing a bend or an area of a narrow channel or fairway where other vessels may be obscured by an intervening obstruction shall navigate with particular alertness and caution and shall sound the appropriate signal prescribed in Rule 34(e).

(g) Any vessel shall, if the circumstances of the case admit, avoid anchoring in a narrow channel.

Rule 10 Traffic separation schemes

(a) This Rule applies to traffic separation schemes adopted by the Organization and does

(f) (i)　この規則の規定によって他の船舶の通航又は安全な通航を妨げてはならないと
されている船舶は，状況により必要な場合には，他の船舶が安全に通航することが
できる十分に広い水域を開けるため，早期に動作をとらなければならない。

(ii)　他の船舶の通航又は安全な通航を妨げてはならない義務を負う船舶は，衝突のお
それがあるほど他の船舶に接近する場合であってもその義務が免除されるものでは
ない。また，動作をとる場合には，この部の規定によって要求されることがある動
作を十分に考慮しなければならない。

(iii)　2隻の船舶が互いに接近する場合において衝突のおそれがあるときは，通航が妨
げられないとされている船舶は，引き続きこの部の規則に従わなければならない。

第9条　狭い水道

(a)　狭い水道又は航路筋をこれに沿って進行する船舶は，安全かつ実効可能である限り，
当該狭い水道又は航路筋の右側端に寄って進行しなければならない。

(b)　長さ20メートル未満の船舶又は帆船は，狭い水道又は航路筋の内側でなければ安全
に航行することができない船舶の通航を妨げてはならない。

(c)　漁ろうに従事している船舶は，狭い水道又は航路筋の内側を航行している他の船舶
の通航を妨げてはならない。

(d)　船舶は，狭い水道又は航路筋の内側でなければ安全に航行することができない船舶
の妨げることとなる場合には，当該狭い水道又は航路筋を横切ってはならない。狭い
水道又は航路筋の内側でなければ安全に航行することができない船舶は，横切ってい
る船舶の意図に疑問がある場合には，第34条(d)に定める音響信号を行うことができる。

(e) (i)　狭い水道又は航路筋において追い越される船舶が追い越そうとする船舶を安全
に通航させるための動作をとらなければ追い越すことができない場合には，追い越
そうとする船舶は，第34条(c)(i)に定める音響信号を行うことによりその意図を示さ
なければならない。追い越される船舶は，追い越されることに同意した場合には，同
条(c)(ii)に定める音響信号を行い，かつ，安全に通航させるための動作をとらなけれ
ばならず，また疑問がある場合には，同条(d)に定める音響信号を行うことができる。

(ii)　(i)の規定は，第13条に規定する追い越す船舶の義務を免除するものではない。

(f)　狭い水道又は航路筋において，障害物のために他の船舶を見ることができないわん
曲部その他の水域に接近する船舶は，特に細心の注意を払って航行しなければならず，
また，第34条(e)に定める音響信号を行わなければならない。

(g)　船舶は，状況の許す限り，狭い水道においてびょう泊することを避けなければなら
ない。

第10条　分離通航方式

(a)　この条の規定は，機関が採択した分離通航方式に適用する。当該規定は，他の条の

not relieve any vessel of her obligation under any other rule.

(b) A vessel using a traffic separation scheme shall:

(i) proceed in the appropriate traffic lane in the general direction of traffic flow for that lane;

(ii) so far as practicable keep clear of a traffic separation line or separation zone;

(iii) normally join or leave a traffic lane at the termination of the lane, but when joining or leaving from either side shall do so at as small an angle to the general direction of traffic flow as practicable.

(c) A vessel shall so far as practicable avoid crossing traffic lanes, but if obliged to do so shall cross on a heading as nearly as practicable at right angles to the general direction of traffic flow.

(d) (i) A vessel shall not use an inshore traffic zone when she can safely use the appropriate traffic lane within the adjacent traffic separation scheme. However, vessels of less than 20m in length, sailing vessels and vessels engaged in fishing may use the inshore traffic zone.

(ii) Notwithstanding subparagraph (d)(i), a vessel may use an inshore traffic zone when en route to or from a port, offshore installation or structure, pilot station or any other place situated within the inshore traffic zone or to avoid immediate danger.

(e) A vessel other than a crossing vessel or a vessel joining or leaving a lane shall not normally enter a separation zone or cross a separation line except:

(i) in cases of emergency to avoid immediate danger;

(ii) to engage in fishing within a separation zone.

(f) A vessel navigating in areas near the terminations of traffic separation schemes shall do so with particular caution.

(g) A vessel shall so far as practicable avoid anchoring in a traffic separation scheme or in areas near its terminations.

(h) A vessel not using a traffic separation scheme shall avoid it by as wide a margin as is practicable.

(i) A vessel engaged in fishing shall not impede the passage of any vessel following a traffic lane.

(j) A vessel of less than 20 metres in length or a sailing vessel shall not impede the safe passage of a power-driven vessel following a traffic lane.

(k) A vessel restricted in her ability to manoeuvre when engaged in an operation for the maintenance of safety of navigation in a traffic separation scheme is exempted from complying with this Rule to the extent necessary to carry out the operation.

(l) A vessel restricted in her ability to manoeuvre when engaged in an operation for the laying, servicing or picking up of a submarine cable, within a traffic separation scheme, is exempted from complying with this Rule to the extent necessary to carry out the operation.

規定に基づく義務を免除するものではない。

(b) 分離通航帯を使用する船舶は,
　(i) 通航路を当該通航路の交通の流れの一般的な方向に進行しなければならない。

　(ii) 実行可能な限り, 分離線又は分離帯から離れていなければならない。

　(iii) 通常, 通航路の出入口から出入しなければならない。ただし, 通航路の側方から出入する場合には, 当該通航路の交通の流れの一般的な方向に対し実行可能な限り小さい角度で出入しなければならない。

(c) 船舶は, 実行可能な限り, 通航路を横断することを避けなければならない。ただし, やむを得ず通航路を横断する場合には, 当該通航路の交通の流れの一般的な方向に対し実行可能な限り直角に近い角度に船首を向けて横断しなければならない。

(d) (i) 船舶は, 沿岸通航帯に隣接した分離通行帯の通航路を安全に使用することができるときは, 当該沿岸通航帯を使用してはならない。ただし, 長さ20メートル未満の船舶, 帆船及び漁ろうに従事している船舶は, 当該沿岸通航帯を使用することができる。

　(ii) (i)の規定にかかわらず, 船舶は, 沿岸通航帯内にある港, 沖合の設備若しくは構造物, パイロットステーションその他の場所に出入りし又は切迫した危険を避ける場合には, 当該沿岸通航帯を使用することができる。

(e) 通航路を横断し又は通航路に出入する船舶以外の船舶は, 通常, 次の場合を除くほか, 分離帯に入り又は分離線を横切ってはならない。
　(i) 緊急の場合において切迫した危険を避けるとき
　(ii) 分離帯の中で漁ろうに従事する場合

(f) 船舶は, 分離通航帯の出入口の付近においては, 特に注意を払って航行しなければならない。

(g) 船舶は, 分離通航帯及びその出入口付近においては, 実行可能な限り, びょう泊することを避けなければならない。

(h) 分離通航帯を使用しない船舶は, 実行可能な限り, 当該分離通航帯から離れていなければならない。

(i) 漁ろうに従事している船舶は, 通航路をこれに沿って航行している船舶の通航を妨げてはならない。

(j) 長さ20メートル未満の船舶又は帆船は, 通航路をこれに沿って航行している動力船の安全な通航を妨げてはならない。

(k) 操縦性能が制限されている船舶であって分離通航帯において航行の安全を維持するための作業に従事しているものは, その作業を行うために必要な限度において, この条の規定の適用が免除される。

(l) 操縦性能が制限されている船舶であって分離通航帯において海底電線の敷設, 保守又は引揚げのための作業に従事しているものは, その作業を行うために必要な限度において, この条の規定の適用が免除される。

SECTION Ⅱ – CONDUCT OF VESSELS IN SIGHT OF ONE ANOTHER
Rule 11 Application
Rules in this Section apply to vessels in sight of one another.

Rule 12 Sailing vessels
(a) When two sailing vessels are approaching one another, so as to involve risk of collision, one of them shall keep out of the way of the other as follows:

- (ⅰ) when each has the wind on a different side, the vessel which has the wind on the port side shall keep out of the way of the other;
- (ⅱ) when both have the wind on the same side, the vessel which is to windward shall keep out of the way of the vessel which is to leeward;
- (ⅲ) If a vessel with the wind on the port side sees a vessel to windward and cannot determine with certainty whether the other vessel has the wind on the port or on the starboard side, she shall keep out of the way of the other.

(b) For the purposes of this Rule the windward side shall be deemed to be the side opposite to that on which the mainsail is carried or, in the case of a square-rigged vessel, the side opposite to that on which the largest fore-and-aft sail is carried.

Rule 13 Overtaking
(a) Notwithstanding anything contained in the Rules of Part B, Sections I and II, any vessel overtaking any other shall keep out of the way of the vessel being overtaken.

(b) A vessel shall be deemed to be overtaking when coming up with another vessel from a direction more than 22.5 degrees abaft her beam, that is, in such a position with reference to the vessel she is overtaking, that at night she would be able to see only the sternlight of that vessel but neither of her sidelights.

(c) When a vessel is in any doubt as to whether she is overtaking another, she shall assume that this is the case and act accordingly.

(d) Any subsequent alteration of the bearing between the two vessels shall not make the overtaking vessel a crossing vessel within the meaning of these Rules or relieve her of the duty of keeping clear of the overtaken vessel until she is finally past and clear.

第2章　互いに他の船舶の視野の内にある船舶の航法
第11条　適　用
　この章の規定は，互いに他の船舶の視野の内にある船舶について適用する。

第12条　帆　船
⒜　2隻の帆船が互いに接近する場合において，衝突のおそれがあるときは，いずれか一の帆船は，次の(i)から(iii)までの規定に従い，他の帆船の進路を避けなければならない。
　(i)　2隻の船舶の風を受けているげんが異なる場合には，左げんに風を受けている船舶は，右げんに風を受けている船舶の進路を避けなければならない。
　(ii)　2隻の船舶の風を受けているげんが同じである場合には，風上の船舶は，風下の船舶の進路を避けなければならない。
　(iii)　左げんに風を受けている船舶は，風上に他の船舶を見る場合において，当該他の船舶が左げんに風を受けているか右げんに風を受けているかを判断することができないときは，当該他の船舶の進路を避けなければならない。
⒝　この条の規定の適用上，風上は，メインスルの張っている側（横帆船の場合には，最大の縦帆の張っている側）の反対側とする。

第13条　追越し
⒜　追い越す船舶は，前章の規定及びこの章の他の規定にかかわらず，追い越される船舶の進路を避けなければならない。
⒝　船舶は，他の船舶の正横後22.5度を超える後方の位置，すなわち，夜間において当該他の船舶のいずれのげん灯をも見ることはできないが船尾灯のみを見ることができる位置から当該他の船舶を追い抜く場合には，追い越しているものとする。

⒞　船舶は，自船が他の船舶を追い越しているかどうか疑わしい場合には，追い越しているものとして動作をとらなければならない。
⒟　追い越す船舶と追い越される船舶との間の方位のいかなる変更も，追い越す船舶をこの規則にいう横切りの状況にある船舶とするものではなく，追い越す船舶に対し，他の船舶を完全に追い越し，かつ，当該他の船舶から十分に遠ざかるまで当該他の船舶の進路を避ける義務を免除するものではない。

Rule 14 Head-on situation

(a) When two power-driven vessels are meeting on reciprocal or nearly reciprocal courses so as to involve risk of collision each shall alter her course to starboard so that each shall pass on the port side of the other.

(b) Such a situation shall be deemed to exist when a vessel sees the other ahead or nearly ahead and by night she could see the masthead lights of the other in a line or nearly in a line and/or both sidelights and by day she observes the corresponding aspect of the other vessel.

(c) When a vessel is in any doubt as to whether such a situation exists she shall assume that it does exist and act accordingly.

Rule 15 Crossing situation

When two power-driven vessels are crossing so as to involve risk of collision, the vessel which has the other on her own starboard side shall keep out of the way and shall, if the circumstances of the case admit, avoid crossing ahead of the other vessel.

Rule 16 Action by give-way vessel

Every vessel which is directed to keep out of the way of another vessel shall, so far as possible, take early and substantial action to keep well clear.

Rule 17 Action by stand-on vessel

(a) (i) Where one of two vessels is to keep out of the way the other shall keep her course and speed.

   (ii) The latter vessel may however take action to avoid collision by her manoeuvre alone, as soon as it becomes apparent to her that the vessel required to keep out of the way is not taking appropriate action in compliance with these Rules.

(b) When, from any cause, the vessel required to keep her course and speed finds herself so close that collision cannot be avoided by the action of the give-way vessel alone, she shall take such action as will best aid to avoid collision.

(c) A power-driven vessel which takes action in a crossing situation in accordance with sub-paragraph (a)(ii) of this Rule to avoid collision with another power-driven vessel shall, if the circumstances of the case admit, not alter course to port for a vessel on her own port side.

(d) This Rule does not relieve the give-way vessel of her obligation to keep out of the way.

第14条　行会いの状況

⒜　2隻の動力船が真向かい又はほとんど真向かいに行き会う場合において，衝突のおそれがあるときは，各船舶は，互いに他の船舶の左げん側を通航するようにそれぞれ針路を右に転じなければならない。

⒝　船舶が他の船舶を船首方向又はほとんど船首方向に見る場合において，夜間においては当該他の船舶の2個のマスト灯を一直線上若しくはほとんど一直線上に見るとき若しくは両側のげん灯を見るとき又は昼間においては当該他の船舶をこれに相当する状態に見るときは，⒜に規定する状況が存在するものとする。

⒞　船舶は，⒜に規定する状況にあるかどうか疑わしい場合には，その状況にあるものとして動作をとらなければならない。

第15条　横切りの状況

2隻の動力船が互いに進路を横切る場合において，衝突のおそれがあるときは，他の船舶を右げん側に見る船舶は，当該他の船舶の進路を避けなければならならず，状況の許す限り，当該他の船舶の船首方向を横切ることを避けなければならない。

第16条　避航船の動作

他の船舶の進路を避けなければならない船舶は，当該他の船舶から十分に遠ざかるため，できる限り早期にかつ大幅に動作をとらなければならない。

第17条　保持船の動作

⒜　⒤　2隻の船舶のいずれか一の船舶が他の船舶の進路を避けなければならない場合には，当該他の船舶は，その針路及び速力を保持しなければならない。

　⒤⒤　⒤の規定にかかわらず，当該他の船舶の進路を避けなければならない船舶がこの規則に適合する適切な動作をとっていないことが当該他の船舶にとって明らかになったときは，当該他の船舶は，自船のみによって衝突を避けるための動作を直ちにとることができる。

⒝　針路及び速力を保持しなければならない船舶は，何らかの事由により避航船と間近に接近したためその避航船の動作のみでは衝突を避けることができないと認める場合には，衝突を避けるための最善の協力動作をとらなければならない。

⒞　動力船は，横切りの状態にある場合において他の動力船との衝突を避けるため⒜⒤⒤の規定に従って動作をとるときは，状況の許す限り，左げん側にある当該他の動力船に対して針路を左に転じてはならない。

⒟　この条の規定は，避航船に対し，他の船舶の進路を避ける義務を免除するものではない。

Rule 18 Responsibilities between vessels

Except where Rules 9, 10 and 13 otherwise require:

(a) A power-driven vessel underway shall keep out of the way of:

    (i) a vessel not under command;

    (ii) a vessel restricted in her ability to manoeuvre;

    (iii) a vessel engaged in fishing;

    (iv) a sailing vessel.

(b) A sailing vessel underway shall keep out of the way of:

    (i) a vessel not under command;

    (ii) a vessel restricted in her ability to manoeuvre;

    (iii) a vessel engaged in fishing.

(c) A vessel engaged in fishing when underway shall, so far as possible, keep out of the way of:

    (i) a vessel not under command;

    (ii) a vessel restricted in her ability to manoeuvre.

(d) (i) Any vessel other than a vessel not under command or a vessel restricted in her ability to manoeuvre shall, if the circumstances of the case admit, avoid impeding the safe passage of a vessel constrained by her draught, exhibiting the signals in Rule 28.

    (ii) A vessel constrained by her draught shall navigate with particular caution having full regard to her special condition.

(e) A seaplane on the water shall, in general, keep well clear of all vessels and avoid impeding their navigation. In circumstances, however, where risk of collision exists, she shall comply with the Rules of this Part.

(f) (i) A WIG craft when taking-off, landing and in flight near the surface shall keep well clear of all other vessels and avoid impeding their navigation;

    (ii) a WIG craft operating on the water surface shall comply with the Rules of this Part as a power-driven vessel.

SECTION Ⅲ - CONDUCT OF VESSELS IN RESTRICTED VISIBILITY

Rule 19 Conduct of vessels in restricted visibility

(a) This Rule applies to vessels not in sight of one another when navigating in or near an area of restricted visibility.

(b) Every vessel shall proceed at a safe speed adapted to the prevailing circumstances and conditions of restricted visibility. A power-driven vessel shall have her engines ready for immediate manoeuvre.

(c) Every vessel shall have due regard to the prevailing circumstances and conditions of restricted visibility when complying with the Rules of Section I of this Part.

第18条　各種船舶の責任

第 9 条，第10条及び第13条に別段の定めがある場合を除くほか，

(a)　航行中の動力船は，次の船舶の進路を避けなければならない。

　(i)　運転が自由でない状態にある船舶

　(ii)　操縦性能が制限されている船舶

　(iii)　漁ろうに従事している船舶

　(iv)　帆船

(b)　航行中の帆船は，次の船舶の進路を避けなければならない。

　(i)　運転が自由でない状態にある船舶

　(ii)　操縦性能が制限されている船舶

　(iii)　漁ろうに従事している船舶

(c)　航行中の漁ろうに従事している船舶は，できる限り，次の船舶の進路を避けなければならない。

　(i)　運転が自由でない状態にある船舶

　(ii)　操縦性能が制限されている船舶

(d)　(i)　運転が自由でない状態にある船舶及び操縦性能が制限されている船舶以外の船舶は，状況の許す限り，喫水による制限を受けている船舶であって第28条に定める灯火又は形象物を表示しているものの安全な通航を妨げることを避けなければならない。

　(ii)　喫水による制約を受けている船舶は，その特殊な事情を十分に考慮しつつ，特に注意を払って航行しなければならない。

(e)　水上にある水上航空機は，原則として，すべての船舶から十分に遠ざからなければならず，また，これらの船舶の運航を妨げることを避けなければならないが，衝突のおそれがある場合には，この部の規定に従わなければならない。

(f)　(i)　表面効果翼船は，離水及び着水のとき並びに水面付近を飛行中には，他のすべての船舶から十分に遠ざからなければならず，また，これらの他の船舶の運航を妨げることを避けなければならない。

　(ii)　水上を運航する表面効果翼船は，動力船として，この部の規定に適合するものでなければならない。

第3章　視界が制限されている状態における船舶の航法

第19条　視界が制限されている状態における船舶の航法

(a)　この条の規定は，視界が制限されている状態にある水域又はその付近を航行している船舶であって互いに他の船舶の視野の内にないものに適用する。

(b)　すべての船舶は，その時の状況及び視界が制限されている状態に応じた安全な速力で進行しなければならない。動力船は，推進機関を直ちに操作することができるようにしておかなければならない。

(c)　すべての船舶は，第 1 章の規定に従うに当たり，その時の状況及び視界が制限されている状態を十分に考慮しなければならない。

(d) A vessel which detects by radar alone the presence of another vessel shall determine if a close-quarters situation is developing and/or risk of collision exists. If so, she shall take avoiding action in ample time, provided that when such action consists of an alteration of course, so far as possible the following shall be avoided:

(i) an alteration of course to port for a vessel forward of the beam, other than for a vessel being overtaken;
(ii) an alteration of course towards a vessel abeam or abaft the beam.

(e) Except where it has been determined that a risk of collision does not exist, every vessel which hears apparently forward of her beam the fog signal of another vessel, or which cannot avoid a close-quarters situation with another vessel forward of her beam, shall reduce her speed to the minimum at which she can be kept on her course. She shall if necessary take all her way off and in any event navigate with extreme caution until danger of collision is over.

PART C – LIGHTS AND SHAPES
Rule 20 Application
(a) Rules in this Part shall be complied with in all weathers.
(b) The Rules concerning lights shall be complied with from sunset to sunrise, and during such times no other lights shall be exhibited, except such lights as cannot be mistaken for the lights specified in these Rules or do not impair their visibility or distinctive character, or interfere with the keeping of a proper look-out.

(c) The lights prescribed by these Rules shall, if carried, also be exhibited from sunrise to sunset in restricted visibility and may be exhibited in all other circumstances when it is deemed necessary.
(d) The Rules concerning shapes shall be complied with by day.
(e) The lights and shapes specified in these Rules shall comply with the provisions of Annex I to these Regulations.

Rule 21 Definitions
(a) "Masthead light" means a white light placed over the fore and aft centreline of the vessel showing an unbroken light over an arc of the horizon of 225 degrees and so fixed as to show the light from right ahead to 22.5 degrees abaft the beam on either side of the vessel.
(b) "Sidelights" means a green light on the starboard side and a red light on the port side each showing an unbroken light over an arc of the horizon of 112.5 degrees and so fixed

(d) 他の船舶の存在をレーダーのみにより探知した船舶は，著しく接近する状態が生じつつあるかどうか又は衝突のおそれがあるかどうかを判断しなければならず，また，著しく接近する状態が生じつつある場合又は衝突のおそれがある場合には，十分に余裕のある時期にこれらの状況を避けるための動作をとらなければならない。ただし，その動作が針路の変更となるときは，次の動作をとることは，できる限り避けなければならない。

(i) 追い越される船舶以外の船舶で正横より前方にあるものに対し，針路を左に転ずること。

(ii) 正横又は正横より後方にある船舶の方向に針路を転ずること。

(e) 衝突のおそれがないと判断した場合を除くほか，すべての船舶は，他の船舶の霧中信号を明らかに正横より前方に聞いた場合又は正横より前方にある他の船舶と著しく接近する状態を避けることができない場合には，針路を保持することができる最小限度までその速力を減じなければならない。当該船舶は，必要な場合には行きあしを完全に止めなければならず，また，いかなる場合においても衝突の危険がなくなるまで特段の注意を払って航行しなければならない。

C部 灯火及び形象物

第20条 適 用

(a) この部の規定は，いかなる天候の下においても遵守しなければならない。

(b) 灯火に関する規定は，日没から日出までの間において遵守しなければならず，この間は，この規則に定める灯火以外のいかなる灯火をも表示してはならない。ただし，この規則に定める灯火と誤認されることのない灯火，この規則に定める灯火の視認若しくはその特性の識別の妨げとならない灯火又は適切な見張りの妨げとならない灯火は，この限りでない。

(c) この規則に定める灯火は，これを備えている場合において，日出から日没までの間にあっても視界が制限されている状態にあるときは，表示しなければならず，また，必要と認められる他のあらゆる状況において表示することができる。

(d) 形象物に関する規定は，昼間において遵守しなければならない。

(e) この規則に定める灯火及び形象物は，付属書Ⅰの規定に適合するものでなければならない。

第21条 定 義

(a) 「マスト灯」とは，225度にわたる水平の弧を完全に照らす白灯であって，その射光が正船首方向から各げん正横後22.5度までの間を照らすように船舶の縦中心線上に設置したものをいう。

(b) 「げん灯」とは，112.5度にわたる水平の弧を完全に照らす右げん側の緑灯又は左げん側の紅灯であって，それぞれその射光が正船首方向から右げん正横後22.5度までの

as to show the light from right ahead to 22.5 degrees abaft the beam on its respective side. In a vessel of less than 20 metres in length the sidelights may be combined in one lantern carried on the fore and aft centreline of the vessel.

(c) "Sternlight" means a white light placed as nearly as practicable at the stern showing an unbroken light over an arc of the horizon of 135 degrees and so fixed as to show the light 67.5 degrees from right aft on each side of the vessel.

(d) "Towing light" means a yellow light having the same characteristics as the "sternlight" defined in paragraph (c) of this Rule.

(e) "All-round light" means a light showing an unbroken light over an arc of the horizon of 360 degrees.

(f) "Flashing light" means a light flashing at regular intervals at a frequency of 120 flashes or more per minute.

Rule 22 Visibility of lights

The lights prescribed in these Rules shall have an intensity as specified in Section 8 of Annex I to these Regulations so as to be visible at the following minimum ranges:

(a) In vessels of 50 metres or more in length:
  - a masthead light, 6 miles;
  - a sidelight, 3 miles;
  - a sternlight, 3 miles;
  - a towing light, 3 miles;
  - a white, red, green or yellow all-round light, 3 miles.

(b) In vessels of 12 metres or more in length but less than 50 metres in length;
  - a masthead light, 5 miles; except that where the length of the vessel is less than 20 metres, 3 miles;
  - a sidelight, 2 miles;
  - a sternlight, 2 miles;
  - a towing light, 2 miles;
  - a white, red, green or yellow all-round light, 2 miles.

(c) In vessels of less than 12 metres in length:
  - a masthead light, 2 miles;
  - a sidelight, 1 mile;
  - a sternlight, 2 miles;
  - a towing light, 2 miles;
  - a white, red, green or yellow all-round light, 2 miles.

(d) In inconspicuous, partly submerged vessels or objects being towed:
  - a white all-round light, 3 miles.

間又は正船首方向から左げん正横後22.5度までの間を照らすように設置したものをいう。長さ20メートル未満の船舶は，これらのげん灯を結合して一の灯火とし，船舶の縦中心線上に設置することができる。

(c) 「船尾灯」とは，135度にわたる水平の弧を完全に照らす白灯であって，その射光が正船尾方向から各げん67.5度までの間を照らすように実行可能な限り船尾近くに設置したものをいう。

(d) 「引き船灯」とは，(c)に定義する船尾灯と同じ特性を有する黄灯をいう。

(e) 「全周灯」とは，360度にわたる水平の弧を完全に照らす灯火をいう。

(f) 「せん光灯」とは，一定の間隔で毎分120回以上のせん光を発する灯火をいう。

第22条　灯火の視認距離

この規則に定める灯火は，少なくとも次の視認距離を有するように付属書Ｉ8に定める光度を有するものでなければならない。

(a) 長さ50メートル以上の船舶の場合
　　マスト灯　　　6海里
　　げ ん 灯　　　3海里
　　船 尾 灯　　　3海里
　　引き船灯　　　3海里
　　白色，紅色，緑色又は黄色の全周灯　　　3海里

(b) 長さ12メートル以上50メートル未満の船舶の場合
　　マスト灯　　　5海里（長さ20メートル未満の船舶にあっては，3海里）

　　げ ん 灯　　　2海里
　　船 尾 灯　　　2海里
　　引き船灯　　　2海里
　　白色，紅色，緑色又は黄色の全周灯　　　2海里

(c) 長さ12メートル未満の船舶の場合
　　マスト灯　　　2海里
　　げ ん 灯　　　1海里
　　船 尾 灯　　　2海里
　　引き船灯　　　2海里
　　白色，紅色，緑色又は黄色の全周灯　　　2海里

(d) 目につきにくく一部が水に沈んでいる状態の引かれている船舶その他の物件の場合
　　白色の全周灯　　　3海里

Rule 23 Power-driven vessels underway

(a) A power-driven vessel underway shall exhibit:
  (i) a masthead light forward;
  (ii) a second masthead light abaft of and higher than the forward one; except that a vessel of less than 50 metres in length shall not be obliged to exhibit such light but may do so;
  (iii) sidelights;
  (iv) a sternlight.
(b) An air-cushion vessel when operating in the non-displacement mode shall, in addition to the lights prescribed in paragraph (a) of this Rule, exhibit an all-round flashing yellow light.
(c) A WIG craft only when taking-off, landing and in flight near the surface shall, in addition to the lights prescribed in paragraph (a) of this Rule, exhibit a high intensity all-round flashing red light.
(d) (i) A power-driven vessel of less than 12 metres in length may in lieu of the lights prescribed in paragraph (a) of this Rule exhibit an all-round white light and sidelights;
  (ii) a power-driven vessel of less than 7 metres in length whose maximum speed does not exceed 7 knots may in lieu of the lights prescribed in paragraph (a) of this Rule exhibit an all-round white light and shall, if practicable, also exhibit sidelights;
  (iii) the masthead light or all-round white light on a power-driven vessel of less than 12 metres in length may be displaced from the fore and aft centreline of the vessel if centreline fitting is not practicable, provided that the sidelights are combined in one lantern which shall be carried on the fore and aft centreline of the vessel or located as nearly as practicable in the same fore and aft line as the masthead light or the all-round white light.

Rule 24 Towing and pushing

(a) A power-driven vessel when towing shall exhibit:
  (i) instead of the light prescribed in Rule 23(a)(i) or (a)(ii), two masthead lights in a vertical line. When the length of the tow, measuring from the stern of the towing vessel to the after end of the tow exceeds 200 metres, three such lights in a vertical line;
  (ii) sidelights;
  (iii) a sternlight;
  (iv) a towing light in a vertical line above the sternlight;
  (v) when the length of the tow exceeds 200 metres, a diamond shape where it can best be seen.
(b) When a pushing vessel and a vessel being pushed ahead are rigidly connected in a composite unit they shall be regarded as a power-driven vessel and exhibit the lights prescribed in Rule 23.

第23条　航行中の動力船

(a)　航行中の動力船は，次の灯火を表示しなければならない。
　(i)　前部にマスト灯1個
　(ii)　(i)に定めるマスト灯よりも後方かつ高い位置に第2のマスト灯1個。ただし，長さ50メートル未満の船舶は，第2のマスト灯を表示することを要しない。

　(iii)　げん灯1対
　(iv)　船尾灯1個
(b)　無排水量状態のエアークッション船は，(a)に定める灯火のほか，黄色の全周灯であるせん光灯1個を表示しなければならない。

(c)　表面効果翼船は，離水及び着水のとき並びに水面付近を飛行中には，(a)に定める灯火のほか，紅色の全周灯であるせん光灯1個を表示しなければならない。

(d)　(i)　長さ12メートル未満の動力船は，(a)に定める灯火に代えて白色の全周灯1個及びげん灯1対を表示することができる。
　(ii)　長さ7メートル未満の動力船で最大速力が7ノットを超えないものは，(a)に定める灯火に代えて白色の全周灯1個を表示することができるものとし，この場合において実行可能なときは，げん灯1対を表示しなければならない。
　(iii)　長さ12メートル未満の動力船は，マスト灯又は白色の全周灯を船舶の縦中心線上に設置することができない場合には，船舶の縦中心線上の位置以外の位置に設置することができる。この場合において，げん灯を結合して一の灯火とするときは，当該灯火を船舶の縦中心線上に設置し又は当該灯火をマスト灯若しくは白色の全周灯が設置されている位置から船舶の縦中心線に平行に引いた直線に実行可能な限り近い位置に設置しなければならない。

第24条　えい航及び押航

(a)　えい航している動力船は，次の灯火又は形象物を表示しなければならない。
　(i)　前条(a)(i)又は(ii)に定める灯火に代えて垂直線上にマスト灯2個。引いている船舶の船尾から引かれている物件の後端までの長さが200メートルを超える場合には，垂直線上にマスト灯3個
　(ii)　げん灯1対
　(iii)　船尾灯1個
　(iv)　船尾灯の垂直線上の上方に引き船灯1個
　(v)　(i)に規定する長さ200メートルを超える場合には，最も見えやすい場所にひし形の形象物1個
(b)　押している船舶と船首方向に押されている船舶とが結合して一体となっている場合には，当該2隻の船舶は，1隻の動力船とみなし，前条に定める灯火を表示しなければならない。

(c) A power-driven vessel when pushing ahead or towing alongside, except in the case of a composite unit, shall exhibit:

    (i) instead of the light prescribed in Rule 23(a)(i) or (a)(ii), two masthead lights in a vertical line;

    (ii) sidelights;

    (iii) a sternlight.

(d) A power-driven vessel to which paragraphs (a) or (c) of this Rule apply shall also comply with Rule 23(a)(ii).

(e) A vessel or object being towed, other than those mentioned in paragraph (g) of this Rule, shall exhibit:

    (i) sidelights;

    (ii) a sternlight;

    (iii) when the length of the tow exceeds 200 metres, a diamond shape where it can best be seen.

(f) Provided that any number of vessels being towed alongside or pushed in a group shall be lighted as one vessel.

    (i) a vessel being pushed ahead, not being part of a composite unit, shall exhibit at the forward end, sidelights;

    (ii) a vessel being towed alongside shall exhibit a sternlight and at the forward end, sidelights.

(g) An inconspicuous, partly submerged vessel or object, or combination of such vessels or objects being towed, shall exibit:

    (i) if it is less than 25 metres in breadth, one all-round white light at or near the forward end and one at or near the after end except that dracones need not exhibit a light at or near the forward end;

    (ii) if it is 25 metres or more in breadth, two additional all-round white lights at or near the extremities of its breadth;

    (iii) if it exceeds 100 metres in length, additional all-round white lights between the lights prescribed in sub-paragraphs (i) and (ii) so that the distance between the lights shall not exceed 100 metres;

    (iv) a diamond shape at or near the aftermost extremity of the last vessel or object being towed and if the length of the tow exceeds 200 metres an additional diamond shape where it can best be seen and located as far forward as is practicable.

(h) Where from any sufficient cause it is impracticable for a vessel or object being towed to exhibit the lights or shapes prescribed in paragraph (e) or (g) of this Rule, all possible measures shall be taken to light the vessel or object towed or at least to indicate the presence of such vessel or object.

(i) Where from any sufficient cause it is impracticable for a vessel not normally engaged in towing operations to display the lights prescribed by paragraph (a) or (c) of this Rule, such vessel shall not be required to exhibit those lights when engaged in towing another (c)　物件を船首方向に押し又は接げんして引いている動力船は，結合して一体となっている場合を除くほか，次の灯火を表示しなければならない。

　(i)　前条(a)(i)又は(ii)に定める灯火に代えて垂直線上にマスト灯2個。

　(ii)　げん灯1対
　(iii)　船尾灯1個

(d)　(a)又は(c)の規定が適用される動力船は，前条(a)(ii)の規定についても従わなければならない。

(e)　引かれている船舶その他の物件（(g)の規定が適用されるものを除く。）は，次の灯火又は形象物を表示しなければならない。

　(i)　げん灯1対
　(ii)　船尾灯1個
　(iii)　(a)(i)に規定する長さが200メートルを超える場合には，最も見えやすい場所にひし形の形象物1個

(f)　ただし，2隻以上の船舶が一団となって接げんして引かれ又は押されている場合には，これらの船舶は，1隻の船舶として灯火を表示しなければならない。

　(i)　船首方向に押されている場合において，押している船舶と結合して一体となっている状態にないときは，前端にげん灯1対を表示しなければならない。

　(ii)　接げんして引かれている場合には，船尾灯1個及び前端にげん灯1対を表示しなければならない。

(g)　目につきにくく，一部が水に沈んでいる状態の引かれている船舶その他の物件又は当該物件の連結体は，次の灯火又は形象物を表示しなければならない。

　(i)　当該物件又は当該物件の連結体の幅が25メートル未満の場合には，前端又はその付近及び後端又はその付近にそれぞれ白色の全周灯1個。ただし，ドラコーンは，前端又はその付近に灯火を表示することを要しない。

　(ii)　当該物件又は当該物件の連結体の幅が25メートル以上の場合には，その幅の両端又はその付近にそれぞれ追加の白色の全周灯1個。

　(iii)　当該物件又は当該物件の連結体の長さが100メートルを超える場合には，(i)及び(ii)に定める灯火の間に100メートルを超えない間隔で追加の白色の全周灯。

　(iv)　最後部の引かれている船舶その他の物件の後端又はその付近にひし形の形象物1個。(a)(i)に規定する長さ200メートルを超える場合には，実行可能な限り前方の最も見えやすい場所に追加のひし形の形象物1個。

(h)　引かれている船舶その他の物件がやむを得ない事由により(e)又は(g)に定める灯火又は形象物を表示することができない場合には，当該物件を照明するため又は少なくとも当該物件の存在を示すため，すべての可能な措置をとらなければならない。

(i)　通常えい航作業に従事していない船舶は，遭難その他の事由により救助を必要としている船舶をえい航する場合においてやむを得ない事由により(a)又は(c)に定める灯火を表示することができないときは，これらの灯火を表示することを要しない。ただし，

vessel in distress or otherwise in need of assistance. All possible measures shall be taken to indicate the nature of the relationship between the towing vessel and the vessel being towed as authorized by Rule 36 in particular by illuminate the towline.

Rule 25 Sailing vessels underway and vessels under oars

(a) A sailing vessel underway shall exhibit:
  (i) sidelights;
  (ii) a sternlight.

(b) In a sailing vessel of less than 20 metres in length the lights prescribed in paragraph (a) of this Rule may be combined in one lantern carried at or near the top of the mast where it can best be seen.

(c) A sailing vessel underway may, in addition to the lights prescribed in paragraph (a) of this Rule, exhibit at or near the top of the mast, where they can best be seen, two all-round lights in a vertical line, the upper being red and the lower green, but these lights shall not be exhibited in conjunction with the combined lantern permitted by paragraph (b) of this Rule.

(d) (i) A sailing vessel of less than 7 metres in length shall, if practicable, exhibit the lights prescribed in paragraph (a) or (b) of this Rule, but if she does not, she shall have ready at hand an electric torch or lighted lantern showing a white light which shall be exhibited in sufficient time to prevent collision.

  (ii) A vessel under oars may exhibit the lights prescribed in this Rule for sailing vessels, but if she does not, she shall have ready at hand an electric torch or lighted lantern showing a white light which shall be exhibited in sufficient time to prevent collision.

(e) A vessel proceeding under sail when also being propelled by machinery shall exhibit forward where it can best be seen a conical shape, apex downwards.

Rule 26 Fishing vessels

(a) A vessel engaged in fishing, whether underway or at anchor, shall exhibit only the lights and shapes prescribed in this Rule.

(b) A vessel when engaged in trawling, by which is meant the dragging through the water of a dredge net or other apparatus used as a fishing appliance, shall exhibit:
  (i) two all-round lights in a vertical line, the upper being green and the lower white, or a shape consisting of two cones with their apexes together in a vertical line one above the other;
  (ii) a masthead light abaft of and higher than the all-round green light; a vessel of less than 50 metres in length shall not be obliged to exhibit such a light but may do so;

引いている船舶と引かれている船舶がえい航関係にあることを示すため，えい航索の照明等第36条の規定により認められるすべての可能な措置をとらなければならない。

第25条　航行中の帆船及びろかいを用いている船舶

(a)　航行中の帆船は，次の灯火を表示しなければならない。
  (i)　げん灯1対
  (ii)　船尾灯1個

(b)　長さ20メートル未満の帆船は，(a)に定める灯火を結合して一の灯火とし，マストの最上部又はその付近の最も見えやすい場所に設置することができる。

(c)　航行中の帆船は，(a)に定める灯火のほか，マストの最上部又はその付近の最も見えやすい場所に，紅色の全周灯1個及びその下方に緑色の全周灯1個を垂直線上に表示することができる。ただし，これらの灯火は，(b)に定める灯火とともに表示してはならない。

(d)　(i)　長さ7メートル未満の帆船は，実行可能な場合には，(a)又は(b)に定める灯火を表示しなければならない。ただし，これらの灯火を表示しない場合には，白色の携帯電灯又は点火した白灯を，直ちに使用することができるように備えておかなければならず，また，衝突を防ぐために十分な時間，表示しなければならない。
  (ii)　ろかいを用いている船舶は，この条に定める帆船の灯火を表示することができる。ただし，当該灯火を表示しない場合には，白色の携帯電灯又は白灯を，直ちに使用することができるように備えておかなければならず，また，衝突を防ぐために十分な時間，表示しなければならない。

(e)　帆を用いて進行している船舶であって同時に推進機関を用いて推進しているものは，その前部の最も見えやすい場所に，円すい形の形象物1個を頂点を下にして表示しなければならない。

第26条　漁　船

(a)　漁ろうに従事している船舶は，航行中及びびょう泊中において，この条に定める灯火又は形象物のみを表示しなければならない。

(b)　トロール（けた網その他の漁具を水中で引くことにより行う漁法をいう。）により漁ろうに従事している船舶は，次の灯火又は形象物を表示しなければならない。
  (i)　垂直線上に，緑色の全周灯1個及びその下方に白色の全周灯1個又は垂直線上に2個の円すい形の形象物をこれらの頂点で上下に結合した形象物1個

  (ii)　(i)に定める緑色の全周灯よりも後方かつ高い位置にマスト灯1個，ただし，長さ50メートル未満の船舶は，この灯火を表示することを要しない。

(iii) when making way through the water, in addition to the lights prescribed in this paragraph, sidelights and a sternlight.

(c) A vessel engaged in fishing, other than trawling, shall exhibit:

(i) two all-round lights in a vertical line, the upper being red and the lower white, or a shape consisting of two cones with apexes together in a vertical line one above the other;

(ii) when there is outlying gear extending more than 150 metres horizontally from the vessel, an all-round white light or a cone apex upwards in the direction of the gear;

(iii) when making way through the water, in addition to the lights prescribed in this paragraph, sidelights and a sternlight.

(d) The additional signals described in Annex II to these Regulations apply to a vessel engaged in fishing in close proximity to other vessels engaged in fishing.

(e) A vessel when not engaged in fishing shall not exhibit the lights or shapes prescribed in this Rule, but only those prescribed for a vessel of her length.

Rule 27 Vessels not under command or restricted in their ability to manoeuvre

(a) A vessel not under command shall exhibit:

(i) two all-round red lights in a vertical line where they can best be seen;

(ii) two balls or similar shapes in a vertical line where they can best be seen;

(iii) when making way through the water, in addition to the lights prescribed in this paragraph, sidelights and a sternlight.

(b) A vessel restricted in her ability to manoeuvre, except a vessel engaged in mine clearance operations, shall exhibit:

(i) three all-round lights in a vertical line where they can best be seen. The highest and lowest of these lights shall be red and the middle light shall be white;

(ii) three shapes in a vertical line where they can best be seen. The highest and lowest of these shapes shall be balls and the middle one a diamond;

(iii) when making way through the water, a masthead light or lights, sidelights and a sternlight, in addition to the lights prescribed in sub-paragraph (i);

(iv) when at anchor, in addition to the lights or shapes prescribed in sub-paragraphs (i) and (ii), the light, lights or shape prescribed in Rule 30.

(c) A power-driven vessel engaged in a towing operation such as severely restricts the towing vessel and her tow in their ability to deviate from their course shall, in addition to the lights or shapes prescribed in Rule 24(a), exhibit the lights or shapes prescribed in sub-paragraphs (b)(i) and (ii) of this Rule.

(d) A vessel engaged in dredging or underwater operations, when restricted in her ability (iii)　対水速力を有する場合には，(i)及び(ii)に定める灯火のほか，げん灯 1 対及び船尾灯 1 個

　(c)　トロール以外の漁法により漁ろうに従事している船舶は，次の灯火又は形象物を表示しなければならない。

　　(i)　垂直線上に，紅色の全周灯 1 個及びその下方に白色の全周灯 1 個又は垂直線上に 2 個の円すい形の形象物をこれらの頂点で上下に結合した形象物 1 個

　　(ii)　漁具を水平距離150メートルを超えて船外に出している場合には，漁具を出している方向に白色の全周灯 1 個又は頂点を上にした円すい形の形象物 1 個

　　(iii)　対水速力を有する場合には，(i)及び(ii)に定める灯火のほか，げん灯 1 対及び船尾灯 1 個

　(d)　付属書 II の規定は，他の漁ろうに従事している船舶と著しく近接して漁ろうに従事している船舶の追加の信号について適用する。

　(e)　漁船は，漁ろうに従事していない場合には，この条に定める灯火又は形象物を表示してはならず，当該漁船の長さと等しい長さの他の船舶について定められた灯火又は形象物を表示しなければならない。

第27条　運転が自由でない状態にある船舶及び操縦性能が制限されている船舶

　(a)　運転が自由でない状態にある船舶は，次の灯火又は形象物を表示しなければならない。

　　(i)　最も見えやすい場所に垂直線上に紅色の全周灯 2 個

　　(ii)　最も見えやすい場所に垂直線上に，球形の形象物又はこれに類似した形象物 2 個

　　(iii)　対水速力を有する場合には，(i)に定める灯火のほか，げん灯 1 対及び船尾灯 1 個

　(b)　掃海作業に従事している船舶以外の船舶で操縦性能が制限されているものは，次の灯火又は形象物を表示しなければならない。

　　(i)　最も見えやすい場所に垂直線上に，白色の全周灯 1 個及びその上下にそれぞれ紅色の全周灯 1 個

　　(ii)　最も見えやすい場所に垂直線上に，ひし形の形象物 1 個及びその上下にそれぞれ球形の形象物 1 個

　　(iii)　対水速力を有する場合には，(i)に定める灯火のほか，マスト灯 1 個又は 2 個，げん灯 1 対及び船尾灯 1 個

　　(iv)　びょう泊中においては，(i)又は(ii)に定める灯火又は形象物のほか，第30条に定める灯火又は形象物

　(c)　引いている船舶及び引かれている物件が進路から離れることを著しく制限するようなえい航作業に従事している動力船は，第24条(a)に定める灯火又は形象物のほか，(b)(i)又は(ii)に定める灯火又は形象物を表示しなければならない。

　(d)　しゅんせつ又は水中作業に従事している操縦性能が制限されている船舶は，(b)(i)，

to manoeuvre, shall exhibit the lights and shapes prescribed in sub-paragraphs (b)(ⅰ), (ⅱ) and (ⅲ) of this Rule and shall in addition, when an obstruction exists, exhibit:
　(ⅰ) two all-round red lights or two balls in a vertical line to indicate the side on which the obstruction exists;
　(ⅱ) two all-round green lights or two diamonds in a vertical line to indicate the side on which another vessel may pass;
　(ⅲ) when at anchor, the lights or shapes prescribed in this paragraph instead of the lights or shapes prescribed in Rule 30.
(e) Whenever the size of a vessel engaged in diving operations makes it impracticable to exhibit all lights and shapes prescribed in paragraph (d) of this Rule, the following shall be exhibited:
　(ⅰ) three all-round lights in a vertical line where they can best be seen. The highest and lowest of these lights shall be red and the middle light shall be white;
　(ⅱ) a rigid replica of the International Code flag "A" not less than 1 metre in height. Measures shall be taken to ensure its all-round visibility.
(f) A vessel engaged in mine clearance operations shall in addition to the lights prescribed for a power-driven vessel in Rule 23 or for a vessel at anchor in Rule 30 as appropriate, exhibit three all-round green lights or three balls. One of these lights or shapes shall be exhibited near the foremast head and one at each end of the fore yard. These lights or shapes indicate that it is dangerous for another vessel to approach within 1000 metres of the mine clearance vessel.

(g) Vessels of less than 12 metres in length, except those engaged in diving operations, shall not be required to exhibit the lights and shapes prescribed in this Rule.
(h) The signals prescribed in this Rule are not signals of vessels in distress and requiring assistance. Such signals are contained in Annex IV to these Regulations.

Rule 28 Vessels constrained by their draught
　A vessel constrained by her draught may, in addition to the lights prescribed for power-driven vessels in Rule 23, exhibit where they can best be seen three all-round red lights in a vertical line, or a cylinder.

Rule 29 Pilot vessels
(a) A vessel engaged in pilotage duty shall exhibit:
　(ⅰ) at or near the masthead, two all-round lights in a vertical line, the upper being white and the lower red;
　(ⅱ) when underway, in addition, sidelights and a sternlight;
　(ⅲ) when at anchor, in addition to the lights prescribed in subparagraph (ⅰ), the light,

(ⅱ)又は(ⅲ)に定める灯火又は形象物のほか，障害物がある場合には，次の灯火又は形象物を表示しなければならない。
(ⅰ)　障害物がある側のげんを示すために，垂直線上に紅色の全周灯2個又は球形の形象物2個
(ⅱ)　他の船舶が通航することができる側のげんを示すために，垂直線上に緑色の全周灯2個又はひし形の形象物2個
(ⅲ)　びょう泊中においては，第30条に定める灯火又は形象物に代えて(ⅰ)及び(ⅱ)に定める灯火又は形象物
(e)　潜水作業に従事している船舶は，その船舶の大きさのため(d)に定めるすべての灯火又は形象物を表示することができない場合には，次の灯火又は信号板を表示しなければならない。
(ⅰ)　最も見えやすい場所に垂直線上に，白色の全周灯1個及びその上下にそれぞれ紅色の全周灯1個
(ⅱ)　1メートル以上の高さに周囲から視認することができるように，国際信号書に規定する「A」旗を示す信号板
(f)　掃海作業に従事している船舶は，第23条に定める動力船の灯火又は第30条に定めるびょう泊している船舶の灯火若しくは形象物のほか，緑色の全周灯3個又は球形の形象物3個を表示しなければならない。これらの灯火又は形象物のいずれか1個は，前部のマストの最上部付近に表示しなければならず，残りの灯火又は形象物は，当該前部マストのヤードの両端に表示しなければならない。これらの灯火又は形象物は，他の船舶が掃海作業に従事している船舶から1000メートル以内に接近することが危険であることを示す。
(g)　潜水作業に従事している船舶以外の船舶で長さ12メートル未満のものは，この条に定める灯火又は形象物を表示することを要しない。
(h)　この条に定める信号は，船舶が遭難して救助を求めるための信号ではない。遭難信号は，付属書Ⅳに定める。

第28条　喫水による制約を受けている船舶

　喫水による制約を受けている船舶は，第23条に定める動力船の灯火のほか，最も見えやすい場所に，垂直線上に紅色の全周灯3個又は円筒形の形象物1個を表示することができる。

第29条　水先船

(a)　水先業務に従事している船舶は，次の灯火又は形象物を表示しなければならない。
(ⅰ)　マストの最上部又はその付近に垂直線上に，白色の全周灯1個及びその下方に紅色の全周灯1個
(ⅱ)　航行中においては，(ⅰ)に定める灯火のほか，げん灯1対及び船尾灯1個
(ⅲ)　びょう泊中においては，(ⅰ)に定める灯火のほか，びょう泊している船舶について

lights or shape prescribed in Rule 30 for vessels at anchor.

(b) A pilot vessel when not engaged on pilotage duty shall exhibit the lights or shapes prescribed for a similar vessel of her length.

Rule 30 Anchored vessels and vessels aground

(a) A vessel at anchor shall exhibit where it can best be seen:

   (i) in the fore part, an all-round white light or one ball;
   (ii) at or near the stern and at a lower level than the light prescribed in sub-paragraph (i), an all-round white light.

(b) A vessel of less than 50 metres in length may exhibit an all-round white light where it can best be seen instead of the lights prescribed in paragraph (a) of this Rule.

(c) A vessel at anchor may, and a vessel of 100 metres and more in length shall, also use the available working or equivalent lights to illuminate her decks.

(d) A vessel aground shall exhibit the lights prescribed in paragraph (a) or (b) of this Rule and in addition, where they can best be seen:
   (i) two all-round red lights in a vertical line;
   (ii) three balls in a vertical line.

(e) A vessel of less than 7 metres in length, when at anchor, not in or near a narrow channel, fairway or anchorage, or where other vessels normally navigate, shall not be required to exhibit the lights or shapes prescribed in paragraphs (a) and (b) of this Rule.

(f) A vessel of less than 12 metres in length, when aground, shall not be required to exhibit the lights or shapes prescribed in sub-paragraphs (d)(i) and (ii) of this Rule.

Rule 31 Seaplanes and WIG craft

Where it is impracticable for a seaplane or a WIG craft to exhibit lights and shapes of the characteristics or in the positions prescribed in the Rules of this Part she shall exhibit lights and shapes as closely similar in characteristics and position as is possible.

PART D - SOUND AND LIGHT SIGNALS
Rule 32 Definitions

(a) The word "whistle" means any sound signalling appliance capable of producing the prescribed blasts and which complies with the specifications in Annex III to these Regulations.

(b) The term "short blast" means a blast of about one second's duration.

(c) The term "prolonged blast" means a blast of from four to six seconds' duration.

次条に定める灯火1個若しくは2個又は形象物1個

⒝　水先船は，水先業務に従事していない場合には，当該水先船の長さと等しい長さの同種の船舶について定められた灯火又は形象物を表示しなければならない。

第30条　びょう泊している船舶及び乗り揚げている船舶

⒜　びょう泊している船舶は，最も見えやすい場所に次の灯火又は形象物を表示しなければならない。

　⒤　前部に，白色の全周灯1個又は球形の形象物1個

　⒥　船尾又はその付近に，⒤に定める灯火よりも低い位置に白色の全周灯1個

⒝　長さ50メートル未満の船舶は，⒜に定める灯火に代えて最も見えやすい場所に白色の全周灯1個を表示することができる。

⒞　びょう泊している船舶は，また，甲板を照明するため作業灯又はこれに類似した灯火を使用することができるものとし，当該船舶の長さが100メートル以上である場合には，甲板を照明するため作業灯又はこれに類似した灯火を使用しなければならない。

⒟　乗り揚げている船舶は，⒜又は⒝に定める灯火を表示するものとし，さらに，最も見えやすい場所に次の灯火又は形象物を表示しなければならない。

　⒤　垂直線上に紅色の全周灯2個

　⒥　垂直線上に球形の形象物3個

⒠　長さ7メートル未満の船舶は，狭い水道，航路筋若しくはびょう地若しくはそれらの付近又は他の船舶が通常航行する水域においてびょう泊している場合を除くほか，⒜又は⒝に定める灯火又は形象物を表示することを要しない。

⒡　長さ12メートル未満の船舶は，乗り揚げている場合においても，⒟⒤又は⒥に定める灯火又は形象物を表示することを要しない。

第31条　水上航空機及び表面効果翼船

水上航空機又は表面効果翼船は，この部に定める特性を有する灯火又は形象物をこの部に定める位置に表示することができない場合には，特性又は位置についてできる限りこの部の規定に準じて灯火又は形象物を表示しなければならない。

D部　音響信号及び発光信号

第32条　定　義

⒜　「汽笛」とは，この規則に定める吹鳴を発することができる音響信号装置であって，付属書Ⅲに定める基準に適合するものをいう。

⒝　「短音」とは，約1秒間継続する吹鳴をいう。

⒞　「長音」とは，4秒以上6秒以下の時間継続する吹鳴をいう。

Rule 33 Equipment for sound signals

(a) A vessel of 12 metres or more in length shall be provided with a whistle, a vessel of 20 metres or more in length shall be provided with a bell in addition to a whistle, and a vessel of 100 metres or more in length shall, in addition, be provided with a gong, the tone and sound of which cannot be confused with that of the bell. The whistle, bell and gong shall comply with the specifications in Annex III to these Regulations. The bell or gong or both may be replaced by other equipment having the same respective sound characteristics, provided that manual sounding of the prescribed signals shall always be possible.

(b) A vessel of less than 12 metres in length shall not be obliged to carry the sound signalling appliances prescribed in paragraph (a) of this Rule but if she does not, she shall be provided with some other means of making an efficient sound signal.

Rule 34 Manoeuvring and warning signals

(a) When vessels are in sight of one another, a power-driven vessel underway, when manoeuvring as authorized or required by these Rules, shall indicate that manoeuvre by the following signals on her whistle:
- one short blast to mean "I am altering my course to starboard";
- two short blasts to mean "I am altering my course to port";
- three short blasts to mean "I am operating astern propulsion".

(b) Any vessel may supplement the whistle signals prescribed in paragraph (a) of this Rule by light signals, repeated as appropriate, while the manoeuvre is being carried out:
(ⅰ) these light signals shall have the following significance:
- one flash to mean "I am altering my course to starboard";
- two flashes to mean "I am altering my course to port";
- three flashes to mean "I am operating astern propulsion";
(ⅱ) the duration of each flash shall be about one second, the interval between flashes shall be about one second, and the interval between successive signals shall be not less than ten seconds;
(ⅲ) the light used for this signal shall, if fitted, be an all-round white light, visible at a minimum range of 5 miles, and shall comply with the provisions of Annex I to these Regulations.

(c) When in sight of one another in a narrow channel or fairway:
(ⅰ) a vessel intending to overtake another shall in compliance with Rule 9(e)(ⅰ) indicate her intention by the following signals on her whistle:
- two prolonged blasts followed by one short blast to mean "I intend to overtake you on your starboard side";
- two prolonged blasts followed by two short blasts to mean "I intend to overtake you on your port side".

第33条　音響信号設備

⒜　長さ12メートル以上の船舶は，汽笛を備えなければならない。長さ20メートル以上の船舶は，汽笛のほか，号鐘を備えなければならない。長さ100メートル以上の船舶は，汽笛及び号鐘のほか，この号鐘と混同されることがない音調を有するどらを備えなければならない。汽笛，号鐘及びどらは，付属書Ⅲに定める基準に適合するものでなければならない。号鐘又はどらは，それぞれ号鐘又はどらと同様の音響特性を有する他の設備に代えることができるものとし，この場合において，当該他の設備は，この規則に定める信号を常に手動で行うことができるものでなければならない。

⒝　長さ12メートル未満の船舶は，⒜の音響信号設備を備えることを要しない。もっとも，当該船舶は，その音響信号設備を備えない場合には，有効な音響による信号を行うことができる他の手段を備えなければならない。

第34条　操船信号及び警告信号

⒜　船舶が互いに他の船舶の視野の内にある場合において，航行中の動力船がこの規則の規定により認められ又は必要とされる操船を行っているときは，当該動力船は，汽笛を用いて次の信号を行わなければならない。
‐針路を右に転じているときは，短音１回
‐針路を左に転じているときは，短音２回
‐推進機関を後進にかけているときは，短音３回
⒝　動力船は，⒜の操船を行っている場合には，次の⒤から㈽までの規定による発光信号を必要に応じ反復して行うことにより，⒜に定める汽笛信号を補うことができる。
　⒤　発光信号の種類は，次のとおりとする。
　　‐針路を右に転じているときは，せん光１回
　　‐針路を左に転じているときは，せん光２回
　　‐推進機関を後進にかけているときは，せん光３回
　㈪　せん光の継続時間及びせん光とせん光との間隔は，約１秒とする。信号を反復して行う場合の信号間の間隔は，10秒以上とする。

　㈽　信号に使用する灯火は，少なくとも５海里の視認距離を有する白色の全周灯であって，付属書Ⅰの規定に適合するものでなければならない。

⒞　狭い水道又は航路筋において船舶が互いに他の船舶の視野の内にある場合には，
　⒤　他の船舶を追い越そうとする船舶は，第９条⒠⒤の規定に従い，汽笛を用いて次の信号を行うことによりその意図を示さなければならない。
　　‐他の船舶の右げん側を追い越そうとするときは，長音２回に引き続く短音１回
　　‐他の船舶の左げん側を追い越そうとするときは，長音２回に引き続く短音２回

(ii) the vessel about to be overtaken when acting in accordance with Rule 9(e)(i) shall indicate her agreement by the following signal on her whistle:
- one prolonged, one short, one prolonged and one short blast, in that order.

(d) When vessels in sight of one another are approaching each other and from any cause either vessel fails to understand the intentions or actions of the other, or is in doubt whether sufficient action is being taken by the other to avoid collision, the vessel in doubt shall immediately indicate such doubt by giving at least five short and rapid blasts on the whistle. Such signal may be supplemented by a light signal of at least five short and rapid flashes.

(e) A vessel nearing a bend or an area of a channel or fairway where other vessels may be obscured by an intervening obstruction shall sound one prolonged blast. Such signal shall be answered with a prolonged blast by any approaching vessel that may be within hearing around the bend or behind the intervening obstruction.

(f) If whistles are fitted on a vessel at a distance apart of more than 100 metres, one whistle only shall be used for giving manoeuvring and warning signals.

Rule 35 Sound signals in restricted visibility

In or near an area of restricted visibility, whether by day or night, the signals prescribed in this Rule shall be used as follows:

(a) A power-driven vessel making way through the water shall sound at intervals of not more than 2 minutes one prolonged blast.

(b) A power-driven vessel underway but stopped and making no way through the water shall sound at intervals of not more than 2 minutes two prolonged blasts in succession with an interval of about 2 seconds between them.

(c) A vessel not under command, a vessel restricted in her ability to manoeuvre, a vessel constrained by her draught, a sailing vessel, a vessel engaged in fishing and a vessel engaged in towing or pushing another vessel shall, instead of the signals prescribed in paragraphs (a) or (b) of this Rule, sound at intervals of not more than 2 minutes three blasts in succession, namely one prolonged followed by two short blasts.

(d) A vessel engaged in fishing, when at anchor, and a vessel restricted in her ability to manoeuvre when carrying out her work at anchor, shall instead of the signals prescribed in paragraph (g) of this Rule sound the signal prescribed in paragraph (c) of the Rule.

(e) A vessel towed or if more than one vessel is towed the last vessel of the tow, if manned, shall at intervals of not more than 2 minutes sound four blasts in succession, namely one prolonged followed by three short blasts. When practicable, this signal shall be made immediately after the signal made by the towing vessel.

(f) When a pushing vessel and a vessel being pushed ahead are rigidly connected in a composite unit they shall be regarded as a power-driven vessel and shall give the signals

(ii)　追い越される船舶は，第９条(e)(i)の規定に従い，汽笛を用いて次の信号を行うことにより追い越されることに対する同意を示さなければならない。
　　　−順次に長音１回，短音１回，長音１回及び短音１回

(d)　互いに他の船舶の視野の内にある船舶が，互いに接近する場合において，何らかの事由により，いずれか一の船舶が他の船舶の意図若しくは動作を理解することができないとき又は他の船舶が衝突を避けるために十分な動作をとっているかどうか疑わしいときは，当該一の船舶は，汽笛を用いて少なくとも５回の短音を急速に鳴らすことにより，その疑問を直ちに示さなければならない。この信号は，少なくとも５回のせん光を急速に発する発光信号によって補うことができる。

(e)　水道又は航路筋において，障害物のために他の船舶を見ることができないわん曲部その他の水域に接近する船舶は，長音１回を鳴らさなければならない。当該船舶に接近するいかなる船舶も，この信号をわん曲部の付近又は障害物の背後において聞いた場合には，長音１回を鳴らして応答しなければならない。

(f)　船舶は，その一の汽笛が他の汽笛から100メートルを超える距離に設置されている場合において，操船信号又は警告信号を行うときは，これらの汽笛のうち，いずれか一の汽笛のほか使用してはならない。

第35条　視界が制限されている状態における音響信号

　この条に定める信号は，視界が制限されている状態にある水域又はその付近において，昼間であるか夜間であるかを問わず，次のとおり行わなければならない。

(a)　航行中の動力船は，対水速力を有する場合には，２分を超えない間隔で長音１回を鳴らさなければならない。

(b)　航行中の動力船は，対水速力を有しない場合には，約２秒の間隔の２回の長音を２分を超えない間隔で鳴らさなければならない。

(c)　運転が自由でない状態にある船舶，操縦性能が制限されている船舶，喫水による制約を受けている船舶，帆船，漁ろうに従事している船舶又は他の船舶を引き若しくは押している船舶は，(a)又は(b)に定める信号に代えて，２分を超えない間隔で，長音１回に引き続く短音２回を鳴らさなければならない。

(d)　びょう泊中の漁ろうに従事している船舶及びびょう泊中の作業を行っている操縦性能が制限されている船舶は，(g)に定める信号に代えて(c)に定める信号を行わなければならない。

(e)　引かれている船舶（２隻以上ある場合には，最後部の船舶）は，乗組員がいる場合には，２分を超えない間隔で，長音１回に引き続く短音３回を鳴らさなければならない。この信号は，実行可能な場合には，引いている船舶が行う信号の直後に行わなければならない。

(f)　押している船舶と船首方向に押されている船舶とが結合して一体となっている場合には，当該２隻の船舶は，１隻の動力船とみなし，(a)又は(b)に定める信号を行わなけ

prescribed in paragraphs (a) or (b) of this Rule.

(g) A vessel at anchor shall at intervals of not more than one minute ring the bell rapidly for about 5 seconds. In a vessel of 100 metres or more in length the bell shall be sounded in the forepart of the vessel and immediately after the ringing of the bell the gong shall be sounded rapidly for about 5 seconds in the after part of the vessel. A vessel at anchor may in addition sound three blasts in succession, namely one short, one prolonged and one short blast, to give warning of her position and of the possibility of collision to an approaching vessel.

(h) A vessel aground shall give the bell signal and if required the gong signal prescribed in paragraph (g) of this Rule and shall, in addition, give three separate and distinct strokes on the bell immediately before and after the rapid ringing of the bell. A vessel aground may in addition sound an appropriate whistle signal.

(i) A vessel of 12 metres or more but less than 20 metres in length shall not be obliged to give the bell signals prescribed in paragraphs (g) and (h) of this Rule. However, if she does not, she shall make some other efficient sound signal at intervals of not more than 2 minutes.

(j) A vessel of less than 12 metres in length shall not be obliged to give the above-mentioned signals but, if she does not, shall make some other efficient sound signal at intervals of not more than 2 minutes.

(k) A pilot vessel when engaged in pilotage duty may in addition to the signals prescribed in paragraphs (a), (b) or (g) of this Rule sound an identity signal consisting of four short blasts.

Rule 36 Signals to attract attention

If necessary to attract the attention of another vessel any vessel may make light or sound signals that cannot be mistaken for any signal authorized elsewhere in these Rules, or may direct the beam of her searchlight in the direction of the danger, in such a way as not to embarrass any vessel. Any light to attract the attention of another vessel shall be such that it cannot be mistaken for any aid to navigation. For the purpose of this Rule the use of high intensity intermittent or revolving lights, such as strobe lights, shall be avoided.

Rule 37 Distress signals

When a vessel is in distress and requires assistance she shall use or exhibit the signals described in Annex IV to these Regulations.

ればならない。
(g)　びょう泊している船舶は，1分を超えない間隔で，号鐘を約5秒間急速に鳴らさなければならない。当該船舶は，その長さが100メートル以上である場合には，この信号を前部において行い，かつ，その直後に後部においてどらを約5秒間急速に鳴らさなければならない。当該船舶は，さらに，接近してくる他の船舶に対し自船の位置及び衝突の可能性を警告するため，順次に，短音1回，長音1回及び短音1回を鳴らすことができる。

(h)　乗り揚げている船舶は，(g)の規定に従って，号鐘による信号及び必要な場合にはどらによる信号を行い，さらに，号鐘によるその信号の直前及び直後に，号鐘を明確に3回点打しなければならない。当該船舶は，さらに，適当な汽笛信号を行うことができる。
(i)　長さ12メートル以上20メートル未満の船舶は，(g)及び(h)に定める号鐘による信号を行うことを要しない。もっとも，当該船舶は，これらの信号を行わない場合には，2分を超えない間隔で，他の有効な音響による信号を行わなければならない。

(j)　長さ12メートル未満の船舶は，(a)から(h)までに定める信号を行うことを要しない。もっとも，当該船舶は，これらの信号を行わない場合には，2分を超えない間隔で，他の有効な音響による信号を行わなければならない。
(k)　水先業務に従事している水先船は，(a)，(b)又は(g)に定める信号のほか，短音4回の識別信号を行うことができる。

第36条　注意喚起信号

　船舶は，他の船舶の注意を喚起するため必要と認める場合には，この規則に定める信号と誤認されることのない発光信号又は音響信号を行うことができるものとし，他の船舶を眩惑させない方法により危険が存する方向に探照灯を照射することができる。

　他の船舶の注意を喚起するための灯火は，航行援助施設と誤認されることのないようなものでなければならない。この条の規定の適用上，ストロボのような点滅し又は回転する強力な灯火の使用は，避けなければならない。

第37条　遭難信号

　船舶は，遭難して援助を求める場合には，付属書Ⅳに定める信号を使用し又は表示しなければならない。

PART E – EXEMPTIONS
Rule 38 Exemptions

Any vessel (or class of vessels) provided that she complies with the requirements of the International Regulations for Preventing Collisions at Sea, 1960, the keel of which is laid or which is at a corresponding stage of construction before the entry into force of these Regulations may be exempted from compliance therewith as follows:

(a) The installation of lights with ranges prescribed in Rule 22, until four years after the date of entry into force of these Regulations.

(b) The installation of lights with colour specifications as prescribed in section 7 of Annex I to these Regulations, until four years after the date of entry into force of these Regulations.

(c) The repositioning of lights as a result of conversion from Imperial to metric units and rounding off measurement figures, permanent exemption.

(d) (i) The repositioning of masthead lights on vessels of less than 150 metres in length, resulting from the prescriptions of Section 3(a) of Annex I to these Regulations, permanent exemption.

(ii) The repositioning of masthead lights on vessels of 150 metres or more in length, resulting from the prescriptions of Section 3(a) of Annex I to these Regulations, until nine years after the date of entry into force of these Regulations.

(e) The repositioning of masthead lights resulting from the prescriptions of Section 2(b) of Annex I to these Regulations, until nine years after the date of entry into force of these Regulations.

(f) The repositioning of sidelights resulting from the prescriptions of Sections 2(g) and 3(b) of Annex I to these Regulations, until nine years after the date of entry into force of these Regulations.

(g) The requirements for sound signal appliances prescribed in Annex III to these Regulations, until nine years after the date of entry into force of these Regulations.

(h) The repositioning of all-round lights resulting from the prescription of Section 9(b) of Annex I to these Regulations, permanent exemption.

PART F—VERIFICATION OF COMPLIANCE WITH THE PROVISIONS OF THE CONVENTION
Rule 39 Definitions

(a) Audit means a systematic, independent and documented process for obtaining audit evidence and evaluating it objectively to determine the extent to which audit criteria are fulfilled.

(b) Audit Scheme means the IMO Member State Audit Scheme established by the Organization and taking into account the guidelines developed by the Organization*.

(c) Code for Implementation means the IMO Instruments Implementation Code (III Code)

E 部　免　除
第38条　免　除
　船舶は，この規則の効力発生前に，キールが据え付けられている場合又はこれに相当する建造段階にある場合には，1960年の海上における衝突の予防のための国際規則の規定に従うことを条件として，次のとおりこの規則の規定の適用が免除される。

⒜　第22条に定める視認距離を有する灯火の設置については，この規則の効力発生の日以後 4 年間
⒝　付属書Ⅰ7 に定める色の基準に適合する灯火の設置については，この規則の効力発生の日以後 4 年間

⒞　フィート単位からメートル単位への変更及び数字の端数整理による灯火の位置の変更については，永久
⒟　⒤　長さ150メートル未満の船舶が付属書Ⅰ3⒜の規定に従って行うマスト灯の位置の変更については，永久

　　⒤⒤　長さ150メートル以上の船舶が付属書Ⅰ3⒜の規定に従って行うマスト灯の位置の変更については，この規則の効力発生の日以後 9 年間

⒠　付属書Ⅰ2⒝の規定に従って行うマスト灯の位置の変更については，この規則の効力発生の日以後 9 年間

⒡　付属書Ⅰ2⒢及び3⒝の規定に従って行うげん灯の位置の変更については，この規則の効力発生の日以後 9 年間

⒢　付属書Ⅲに定める音響信号装置に関する規定の適用については，この規則の効力発生の日以後 9 年間
⒣　付属書Ⅰ9⒝の規定に従って行う全周灯の位置の変更については，永久

F 部　　査定基準に基づく検証

第39条　定　義
⒜　監査とは，監査証拠を入手し，監査基準が満たされる程度を客観的に評価するための，体系的で独立した文書化されたプロセスを意味する。

⒝　監査計画とは，機関が策定したガイドラインを考慮した機構によって設立されたIMO 加盟国監査計画をいう。
⒞　履行のためのコードとは，IMO 決議 A.1070(28)により IMO が採択した IMO In-

adopted by the Organization by resolution A.1070(28).

(d) Audit Standard means the Code for Implementation.

Rule 40 Application

Contracting Parties shall use the provisions of the Code for Implementation in the execution of their obligations and responsibilities contained in the present Convention.

Rule 41 Verification of compliance

(a) Every Contracting Party shall be subject to periodic audits by the Organization in accordance with the audit standard to verify compliance with and implementation of the present Convention.

(b) The Secretary-General of the Organization shall have responsibility for administering the Audit Scheme, based on the guidelines developed by the Organization*.

(c) Every Contracting Party shall have responsibility for facilitating the conduct of the audit and implementation of a programme of actions to address the findings, based on the guidelines developed by the Organization*.

(d) Audit of all Contracting Parties shall be:

　(i) based on an overall schedule developed by the Secretary-General of the Organization, taking into account the guidelines developed by the Organization*; and

　(ii) conducted at periodic intervals, taking into account the guidelines developed by the Organization*.

　* Refer to the Framework and Procedures for the IMO Member State Audit Scheme, adopted by the Organization by resolution A.1067(28).

Annex I − Positioning and technical details of lights and shapes

1. Definition

The term "height above the hull" means height above the uppermost continuous deck. This height shall be measured from the position vertically beneath the location of the light.

2. Vertical positioning and spacing of lights

(a) On a power-driven vessel of 20 metres or more in length the masthead lights shall be placed as follows:

　(i) the forward masthead light, or if only one masthead light is carried, then that light, at a height above the hull of not less than 6 metres, and, if the breadth of the vessel exceeds 6 metres, then at a height above the hull not less than such breadth, so however

struments Implementation Code（Ⅲ Code）をいう。
⒟　監査基準とは，履行のためのコードをいう。

第40条　適　用

締約組織は，この規則に含まれる義務及び責任を履行するためにコードの規定を使用しなければならない。

第41条　遵守の検証

⒜　すべての締約組織は，この規則の遵守と実施を検証するために，監査基準に従って定期的に機関による監査を受けるものとする。

⒝　機関の事務総長は，機関が策定したガイドラインに基づいて，監査計画の管理責任を負うものとする。

⒞　すべての締約組織は，機関が策定したガイドラインに基づいて，監査の実施および監査結果に対処するための行動計画の実施を促進する責任を負うものとする。

⒟　全ての締約組織の監査は，
　㈠　機関が策定したガイドラインを考慮して，機関の事務総長が策定した全体スケジュールに基づいている。
　㈡　機関が策定したガイドラインを考慮して，定期的に実施される。

　＊ IMO 決議 A.1067(28)によって採択された IMO 加盟国の監査スキームの枠組みと手順を参照。

付属書Ⅰ　灯火及び形象物の技術基準

1　定　義

「船体上の高さ」とは，最上層の全通甲板からの高さをいう。この高さは，灯火の位置の真下から測らなければならない。

2　灯火の垂直位置及び垂直間隔

⒜　長さ20メートル以上の動力船は，

　㈠　前部マスト灯（マスト灯を1個のみ設置する場合には，このマスト灯）を船体上6メートル以上（船舶の幅が6メートルを超える場合には，その幅の長さ以上）の高さの位置に設置しなければならない。ただし，船体上12メートルを超える高さの

that the light need not be placed at a greater height above the hull than 12 metres;

(ii) when two masthead lights are carried the after one shall be at least 4.5 metres vertically higher than the forward one.

(b) The vertical separation of masthead lights of power-driven vessels shall be such that in all normal conditions of trim the after light will be seen over and separate from the forward light at a distance of 1,000 metres from the stem when viewed from sea level.

(c) The masthead light of a power-driven vessel of 12 metres but less than 20 metres in length shall be placed at a height above the gunwale of not less than 2.5 metres.

(d) A power-driven vessel of less than 12 metres in length may carry the uppermost light at a height of less than 2.5 metres above the gunwale. When however a masthead light is carried in addition to sidelights and a sternlight or the all-round light prescribed in Rule 23(c)(i) is carried in addition to sidelights, then such masthead light shall be carried at least 1 metre higher than the sidelights.

(e) One of the two or three masthead lights prescribed for a power-driven vessel when engaged in towing or pushing another vessel shall be placed in the same position as either the forward masthead light or the after masthead light; provided that, if carried on the aftermast, the lowest after masthead light shall be at least 4.5 metres vertically higher than the forward masthead light.

(f) (i) The masthead light or lights prescribed in Rule 23(a) shall be so placed as to be above and clear of all other lights and obstructions except as described in sub-paragraph (ii).

(ii) When it is impracticable to carry the all-round lights prescribed by Rule 27(b)(i) or Rule 28 below the masthead lights, they may be carried above the after masthead light(s) or vertically in between the forward masthead light(s) and after masthead light(s), provided that in the latter case the requirement of Section 3(c) of this Annex shall be complied with.

(g) The sidelights of a power-driven vessel shall be placed at a height above the hull not greater than three quarters of that of the forward masthead light. They shall not be so low as to be interfered with by deck lights.

(h) The sidelights, if in a combined lantern and carried on a power-driven vessel of less than 20 metres in length, shall be placed not less than 1 metre below the masthead light.

(i) When the Rules prescribe two or three lights to be carried in a vertical line, they shall be spaced as follows:

(i) on a vessel of 20 metres in length or more such lights shall be spaced not less than 2 metres apart, and the lowest of these lights shall, except where a towing light is required, be placed at a height of not less than 4 metres above the hull;

(ii) on a vessel of less than 20 metres in length such lights shall be spaced not less than 1 metre apart and the lowest of these lights shall, except where a towing light is required, be placed at a height of not less than 2 metres above the gunwale;

　　位置に設置することを要しない。

　⒤　マスト灯を２個設置する場合には，後部のマスト灯を前部のマスト灯よりも少な
　　　くとも4.5メートル上方の位置に設置しなければならない。

⒝　動力船のマスト灯の垂直間隔は，すべての通常のトリムの状態において船首から
　　1,000メートル離れた海面から見た場合には，後部のマスト灯が前部のマスト灯の上
　　方に，かつ，これと分離して見えるようなものでなければならない。

⒞　長さ12メートル以上20メートル未満の動力船は，マスト灯をげん縁上2.5メートル
　　以上の高さの位置に設置しなければならない。

⒟　長さ12メートル未満の動力船は，最も上方の灯火をげん縁上2.5メートル未満の高
　　さの位置に設置することができる。ただし，げん灯及び船尾灯のほかにマスト灯を設
　　置する場合又はげん灯のほかに第23条⒞⒤に定める全周灯を設置する場合には，その
　　マスト灯又はげん灯よりも少なくとも１メートル上方の位置に設置しなければならな
　　い。

⒠　他の船舶を引き又は押している動力船について定められた２個又は３個のマスト灯
　　のうちいずれか１個は，動力船の前部又は後部のマスト灯の位置と同一の位置に設置
　　しなければならない。ただし，後部のマスト灯の位置と同一の位置に設置する場合に
　　は，最も下方の後部のマスト灯は，前部のマスト灯の少なくとも4.5メートル上方の
　　位置に設置しなければならない。

⒡　⒤　規則第23条⒜に定めるマスト灯は，⒤に定める場合を除くほか，他のすべての
　　　　灯火及び障害物の上方にかつ，これらによって妨げられないような位置に設置しな
　　　　ければならない。

　　⒤　規則第27条⒝⒤又は第28条に定める全周灯をマスト灯の下方に設置することがで
　　　　きない場合には，これらの灯火を後部のマスト灯の上方又は前部のマスト灯の高さ
　　　　と後部のマスト灯の高さとの間の高さの位置に設置することができる。もっとも，
　　　　前部のマスト灯の高さと後部のマスト灯の高さとの間の高さの位置に設置する場合
　　　　には，３⒞の規定に従わなければならない。

⒢　動力船は，げん灯を前部のマスト灯の船体上の高さの４分の３以下の船体上の高さ
　　の位置に設置しなければならず，甲板灯によって妨げられるような低い位置に設置
　　してはならない。

⒣　長さ20メートル未満の動力船は，げん灯を統合して一の灯火として設置する場合に
　　は，当該灯火をマスト灯よりも１メートル以上下方の位置に設置しなければならない。

⒤　規則が２個又は３個の灯火を垂直線上に表示することを定めている場合には，

　　⒤　長さ20メートル以上の船舶は，これらの灯火を２メートル以上隔てて設置しなけ
　　　　ればならず，また，最も下方の灯火（引き船灯が要求されている場合におけるその
　　　　下方の灯火を除く。）を船体上４メートル以上の高さの位置に設置しなければなら
　　　　ない。

　　⒤　長さ20メートル未満の船舶は，これらの灯火を１メートル以上隔てて設置しなけ
　　　　ればならず，また，最も下方の灯火（引き船灯が要求されている場合におけるその
　　　　下方の灯火を除く。）をげん縁上２メートル以上の高さの位置に設置しなければな

(iii) when three lights are carried they shall be equally spaced.

(j) The lower of the two all-round lights prescribed for a vessel when engaged in fishing shall be at a height above the sidelights not less than twice the distance between the two vertical lights.

(k) The forward anchor light prescribed in Rule 30(a)(i), when two are carried, shall not be less than 4.5 metres above the after one. On a vessel of 50 metres or more in length this forward anchor light shall be placed at a height of not less than 6 metres above the hull.

3. Horizontal positioning and spacing of lights

(a) When two masthead lights are prescribed for a power-driven vessel, the horizontal distance between them shall not be less than one half of the length of the vessel but need not be more than 100 metres. The forward light shall be placed not more than one quarter of the length of the vessel from the stem.

(b) On a power-driven vessel of 20 metres or more in length the sidelights shall not be placed in front of the forward masthead lights. They shall be placed at or near the side of the vessel.

(c) When the lights prescribed in Rule 27(b)(i) or Rule 28 are placed vertically between the forward masthead light(s) and the after masthead light(s) these all-round lights shall be placed at a horizontal distance of not less than 2 metres from the fore and aft centreline of the vessel in the athwartship direction.

(d) When only one masthead light is prescribed for a power-driven vessel, this light shall be exhibited forward of amidships; except that a vessel of less than 20 metres in length need not exhibit this light forward of amidships but shall exhibit it as far forward as is practicable.

4. Details of location of direction-indicating lights for fishing vessels, dredgers and vessels engaged in underwater operations

(a) The light indicating the direction of the outlying gear from a vessel engaged in fishing as prescribed in Rule 26(c)(ii) shall be placed at a horizontal distance of not less than 2 metres and not more than 6 metres away from the two all-round red and white lights. This light shall be placed not higher than the all-round white light prescribed in Rule 26 (c)(i) and not lower than the sidelights.

(b) The lights and shapes on a vessel engaged in dredging or underwater operations to indicate the obstructed side and/or the side on which it is safe to pass, as prescribed in Rule 27(d)(i) and (ii), shall be placed at the maximum practical horizontal distance, but in no case less than 2 metres, from the lights or shapes prescribed in Rule 27(b)(i) and (ii).

らない。

(ⅲ)　3個の灯火の間隔は，等しくなければならない。

(j)　漁ろうに従事している船舶について定められた垂直線上の2個の全周灯のうち下方の
　　ものは，げん灯よりも上方に当該2個の全周灯の間隔の2倍以上の高さの位置に設
　　置しなければならない。

(k)　船舶は，びょう泊灯2個を設置する場合には，規則第30条(a)(ⅰ)に定める前部のびょ
　　う泊灯を後部のびょう泊灯よりも4.5メートル以上上方の位置に設置しなければならな
　　い。長さ50メートル以上の船舶は，前部のびょう泊灯を船体上6メートル以上の高
　　さの位置に設置しなければならない。

3　灯火の水平位置及び水平間隔

(a)　動力船が2個のマスト灯を設置する場合には，これらのマスト灯の間の水平距離は，
　　当該動力船の長さの2分の1以上でなければならないが，100メートルを超えること
　　を要しない。前部の灯火は，船首から船舶の長さの4分の1以内の位置に設置しなけ
　　ればならない。

(b)　長さ20メートル以上の動力船は，げん灯を前部のマスト灯の前方に設置してはなら
　　ず，げん側又はその付近に設置しなければならない。

(c)　規則第27条(b)(ⅰ)又は第28条に定める全周灯を前部のマスト灯の高さと後部のマスト
　　灯の高さとの間の高さの位置に設置する場合には，これら全周灯を船舶の縦中心線か
　　ら水平距離2メートル以上の位置に設置しなければならない。

(d)　動力船がマスト灯を1個のみ設置する場合には，この灯火を船体中央部より前方に
　　表示しなければならない。ただし，長さ20メートル未満の船舶は，この灯火を船体中
　　央部より前方に表示することを要しないが，実行可能な限り前方に表示しなければな
　　らない。

4　漁船，しゅんせつ船及び水中作業に従事している船舶の方向指示灯の位置

(a)　漁ろうに従事している船舶から船外に出している漁具の方向を示す灯火（規則第26
　　条(c)(ⅱ)に定めるもの）は，紅色の全周灯及び白色の全周灯から水平距離2メートル以
　　上6メートル以下の位置に設置しなければならず，また，規則第26条(c)(ⅰ)に定める白
　　色の全周灯よりも高くなく，かつ，げん灯よりも低くない位置に設置しなければなら
　　ない。

(b)　しゅんせつ又は水中作業に従事している船舶の灯火又は形象物であって，障害物が
　　ある側のげん又は安全に通航することができる側のげんを示すもの（規則第27条(d)(ⅰ)
　　及び(ⅱ)に定める灯火又は形象物）は，規則第27条(b)(ⅰ)又は(ⅱ)に定める灯火又は形象物
　　から実行可能な最大限度まで水平距離を長くして設置しなければならず，いかなる場

In no case shall the upper of these lights or shapes be at a greater height than the lower of the three lights or shapes prescribed in Rule 27(b)(ⅰ) and (ⅱ).

5. Screens for sidelights

The sidelights of vessels of 20 metres or more in length shall be fitted with inboard screens painted matt black, and meeting the requirements of Section 9 of this Annex. On vessels of less than 20 metres in length the sidelights, if necessary to meet the requirements of Section 9 of this Annex, shall be fitted with inboard matt black screens. With a combined lantern, using a single vertical filament and a very narrow division between the green and red sections, external screens need not be fitted.

6. Shapes

(a) Shapes shall be black and of the following sizes:
  (ⅰ) a ball shall have a diameter of not less than 0.6 metre;
  (ⅱ) a cone shall have a base diameter of not less than 0.6 metre and a height equal to its diameter;
  (ⅲ) a cylinder shall have a diameter of at least 0.6 metre and a height of twice its diameter;
  (ⅳ) a diamond shape shall consist of two cones as defined in (ⅱ) above having a common base.
(b) The vertical distance between shapes shall be at least 1.5 metres.
(c) In a vessel of less than 20 metres in length shapes of lesser dimensions but commensurate with the size of the vessel may be used and the distance apart may be correspondingly reduced.

7. Colour specification of lights

The chromaticity of all navigation lights shall conform to the following standards, which lie within the boundaries of the area of the diagram specified for each colour by the International Commission on Illumination (CIE).

The boundaries of the area for each colour are given by indicating the corner co-ordinates, which are as follows:
(ⅰ) White

x	0.525	0.525	0.452	0.310	0.310	0.443
y	0.382	0.440	0.440	0.348	0.283	0.382

合においても，その距離は，２メートル未満であってはならない。同条(d)(i)及び(ii)に定める灯火又は形象物のうち上方のものは，いかなる場合においても，同条(b)(i)又は(ii)に定める３個の灯火又は形象物のうち最も下方のものより高い位置に設置してはならない。

5　げん灯の隔板

長さ20メートル以上の船舶のげん灯は，つや消し黒色の塗装を施した内側隔板を取り付けなければならならず，また，９に定める要件に適合するものでなければならない。長さ20メートル未満の船舶のげん灯は，９に定める要件に適合することが必要な場合には，つや消し黒色の内側隔板を取り付けなければならない。ただし，結合して１の灯火としたげん灯は，単一の垂直フィラメントを使用しており，かつ，その緑色の部分と紅色の部分との間に非常に狭い仕切りがある場合には，その外部に隔板を取り付けることを要しない。

6　形象物

(a)　形象物は，黒色のものでなければならず，また，

　(i)　球形のものである場合には，直径が0.6メートル以上のものでなければならない。

　(ii)　円すい形のものである場合には，底の直径が0.6メートル以上であり，かつ，高さがその直径に等しいものでなければならない。

　(iii)　円筒形のものである場合には，直径が0.6メートル以上であり，かつ，高さが直径の２倍のものでなければならない。

　(iv)　ひし形のものである場合には，(ii)に定める円すい形の形象物２個を互いにその底で上下に結合したものでなければならない。

(b)　形象物の間の垂直距離は，1.5メートル以上でなければならない。

(c)　長さ20メートル未満の船舶は，(a)に定める形象物よりも小さいが当該船舶の大きさに適した形象物を用いることができるものとし，また，それに応じて，これらの形象物の間の垂直距離を(b)に定める垂直距離よりも減ずることができる。

7　灯火の色の基準

すべての航海灯の色度は，国際照明委員会（CIE）の色度図のそれぞれの色に対応する領域内になければならない。

それぞれの色に対応する領域の境界は，次の直角座標によって示される。

(i)　白色

x	0.525	0.525	0.452	0.310	0.310	0.443
y	0.382	0.440	0.440	0.348	0.283	0.382

(ii) Green

| x | 0.028 | 0.009 | 0.300 | 0.203 |
| y | 0.385 | 0.723 | 0.511 | 0.356 |

(iii) Red

| x | 0.680 | 0.660 | 0.735 | 0.721 |
| y | 0.320 | 0.320 | 0.265 | 0.259 |

(iv) Yellow

| x | 0.612 | 0.618 | 0.575 | 0.575 |
| y | 0.382 | 0.382 | 0.425 | 0.406 |

8. Intensity of lights

(a) The minimum luminous intensity of lights shall be calculated by using the formula:

$$I = 3.43 \times 10^6 \times T \times D^2 \times K^D$$

where I is luminous intensity in candelas under service conditions,

T is threshold factor 2×10^{-7} lux,

D is range of visibility (luminous range) of the light in nautical miles,

K is atmospheric transmissivity.

For prescribed lights the value of K shall be 0.8, corresponding to a meteorological visibility of approximately 13 nautical miles.

(b) A selection of figures derived from the formula is given in the following table:

Range of visibility (luminous range) of light in nautical miles	Luminous intensity of light in candelas for K = 0.8
1	0.9
2	4.3
3	12
4	27
5	52
6	94

NOTE: The maximum luminous intensity of navigation lights should be limited to avoid undue glare. This shall not be achieved by a variable control of the luminous intensity.

(ⅱ)　緑色

x	0.028	0.009	0.300	0.203
y	0.385	0.723	0.511	0.356

(ⅲ)　紅色

x	0.680	0.660	0.735	0.721
y	0.320	0.320	0.265	0.259

(ⅳ)　黄色

x	0.612	0.618	0.575	0.575
y	0.382	0.382	0.425	0.406

8　灯火の光度

(a)　灯火の最小限度の光度は，次の公式を用いて計算しなければならない。

$$I = 3.43 \times 10^6 \times T \times D^2 \times K^{-D}$$

Iは，通常使用する状態における光度とし，カンデラで表す。

Tは，閾値とし，2×10^{-7}ルックスとする。

Dは，灯火の視認距離（光達距離）とし，海里で表す。

Kは，大気の透過率とし，気象学的視程約13海里に相当する0.8とする。

(b)　公式から求められた数値は，次の表に掲げるとおりである。

灯火の視認距離（光達距離） D　（海里）	灯火の光度（Kを0.8とした場合） I（カンデラ）
1	0.9
2	4.3
3	12
4	27
5	52
6	94

注：航海灯の最大限度の光度は，過度にまぶしくならないように制限しなければならない。この場合において，光度の可変調節による制限を行ってはならない。

9. Horizontal sectors

(a) (i) In the forward direction, sidelights as fitted on the vessel shall show the minimum required intensities. The intensities must decrease to reach practical cut-off between 1 degree and 3 degrees outside the prescribed sectors.

(ii) For sternlights and masthead lights and at 22.5 degrees abaft the beam for sidelights, the minimum required intensities shall be maintained over the arc of the horizon up to 5 degrees within the limits of the sectors prescribed in Rule 21. From 5 degrees within the prescribed sectors the intensity may decrease by 50 per cent up to the prescribed limits; it shall decrease steadily to reach practical cut-off at not more than 5 degrees outside the prescribed sectors.

(b) (i) All-round lights shall be so located as not to be obscured by masts, topmasts or structures within angular sectors of more than 6 degrees, except anchor lights prescribed in Rule 30, which need not be placed at an impracticable height above the hull.

(ii) If it is impracticable to comply with paragraph (b)(i) of this section by exhibiting only one all-round light, two all-round lights shall be used suitably positioned or screened so that they appear, as far as practicable, as one light at a distance of one mile.

10. Vertical sectors

(a) The vertical sectors of electric lights as fitted, with the exception of lights on sailing vessels underway shall ensure that:

(i) at least the required minimum intensity is maintained at all angles from 5 degrees above to 5 degrees below the horizontal;

(ii) at least 60 per cent of the required minimum intensity is maintained from 7.5 degrees above to 7.5 degrees below the horizontal.

(b) In the case of sailing vessels underway the vertical sectors of electric lights as fitted shall ensure that:

(i) at least the required minimum intensity is maintained at all angles from 5 degrees above to 5 degrees below the horizontal;

(ii) at least 50 per cent of the required minimum intensity is maintained from 25 degrees above to 25 degrees below the horizontal.

(c) In the case of lights other than electric these specifications shall be met as closely as possible.

11. Intensity of non-electric lights

Non-electric lights shall so far as practicable comply with the minimum intensities, as specified in the Table given in Section 8 of this Annex.

9　水平射光範囲

(a)　(ⅰ)　船舶に設置したげん灯は，前方方向において，必要な最小限度の光度を示さなければならない。げん灯の光度は，定められた射光範囲の外側1度から3度までの間において実際上その光がしゃ断されるように減じなければならない。

　(ⅱ)　船尾灯，マスト灯及び正横後22.5度の方向におけるげん灯は，必要な最小限度の光度を規則第21条に定める射光範囲の内側5度に至るまでの水平の弧にわたって維持しなければならない。これらの灯火の光度は，その射光範囲の内側5度からその射光範囲の境界に至るまでの間においては，50パーセントまで減ずることができるものとし，また，その射光範囲の外側5度以内において実際上これらの光がしゃ断されるように確実に減じなければならない。

(b)　(ⅰ)　全周灯は，6度を超える角度の射光範囲がマスト，トップマスト又は構造物によって妨げられないような位置に設置しなければならない。ただし，規則第30条に定めるびょう泊灯は，実行に適さない船体上の高さに設置することを要しない。

　(ⅱ)　全周灯1個のみを表示することによっては(b)(ⅰ)の規定に適合させることができない場合には，全周灯2個を実行可能な範囲において，1海里の距離から1個の灯火として視認されるように適切な位置に設置し又は隔板を取り付けて使用しなければならない。

10　垂直射光範囲

(a)　電気式灯火（航行中の帆船の灯火を除く）は，

　(ⅰ)　必要な最小限度の光度を水平面に対して上下にそれぞれ5度の間において維持しなければならない。

　(ⅱ)　必要な最小限度の光度の少なくとも60パーセントを水平面に対して上下にそれぞれ7.5度の間において維持しなければならない。

(b)　航行中の帆船の電気式灯火は，

　(ⅰ)　必要な最小限度の光度の水平面に対して上下にそれぞれ5度の間において維持しなければならない。

　(ⅱ)　必要な最小限度の光度の少なくとも50パーセントを水平面に対して上下にそれぞれ25度の間において維持しなければならない。

(c)　電気式灯火以外の灯火は，(a)又は(b)に定める基準にできる限り適合するものでなければならない。

11　電気式灯火以外の灯火の光度

　電気式灯火以外の灯火は，8の表に掲げる最小限度の光度を実行可能な限り遵守しなければならない。

12. Manoeuvring light

Notwithstanding the provisions of paragraph 2(f) of this Annex the manoeuvring light described in Rule 34(b) shall be placed in the same fore and aft vertical plane as the masthead light or lights and, where practicable, at a minimum height of 2 metres vertically above the forward masthead light, provided that it shall be carried not less than 2 metres vertically above or below the after masthead light. On a vessel where only one masthead light is carried the manoeuvring light, if fitted, shall be carried where it can best be seen, not less than 2 metres vertically apart from the masthead light.

13. High-speed craft

(a) The masthead light of high-speed craft may be placed at a height related to the breadth of the craft lower than that prescribed in paragraph 2(a)(i) of this Annex, provided that the base angle of the isosceles triangle formed by the sidelights and masthead light, when seen in end elevation, is not less than 27°.

(b) On high-speed craft of 50 metres or more in length, the vertical separation between fore mast and main mast light of 4.5 metres required by paragraph 2(a)(ii) of this Annex may be modified provided that such distance shall not be less than the value determined by the following formula:

$$y = \frac{(a + 17\,\varPsi)\,C}{1000} + 2$$

where: y is the height of the mainmast light above the foremast light in metres;

　　　a is the height of the foremast light above the water surface in service condition in metres;

　　　$\varPsi$ is the trim in service condition in degrees;

　　　C is the horizontal separation of masthead lights in metres.

14. Approval

The construction of lights and shapes and the installation of lights on board the vessel shall be to the satisfaction of the appropriate authority of the State whose flag the vessel is entitled to fly.

Annex II - Additional signals for fishing vessels fishing in close proximity
1. General

The lights mentioned herein shall, if exhibited in pursuance of Rule 26(d), be placed where they can best be seen. They shall be at least 0.9 metre apart but at a lower level than

12　操船信号灯

　　2(f)の規定にかかわらず，規則第34条(b)に定める操船信号灯は，マスト灯と同一の船首尾垂直面に設置しなければならず，また，実行可能な限り前部のマスト灯よりも上方に垂直距離２メートル以上の高さの位置に設置しなければならないが，この場合において，後部のマスト灯よりも上方又は下方に垂直距離２メートル未満の高さの位置に設置してはならない。マスト灯を１個のみ設置する船舶は，操船信号灯を設置する場合には，マスト灯から垂直距離２メートル以上離れた最も見やすい高さの位置に設置しなければならない。

13　高速船

(a)　高速船のマスト灯は，この付属書の2(a)(i)に定める高さよりも低い船舶の幅に関係する高さの位置に設置することができる。ただし，げん灯及びマスト灯を頂点とする二等辺三角形を当該船舶の船体中心線に垂直な面に投影した二等辺三角形の底角が27度以上となる場合に限る。

(b)　長さ50メートル以上の高速船については，この付属書の2(a)(ii)の規定により要求される前部と後部のマスト灯の4.5メートルの垂直間隔を修正することができる。ただし，当該垂直間隔が次の算式で算定する値以上である場合に限る。

$$y = \frac{(a + 17\,\varPsi)C}{1000} + 2$$

この場合において，yは，前部と後部のマスト灯の垂直間隔とし，メートルで表す。

　　　　　aは，通常使用する状態における海水面からの前部マスト灯の高さとし，メートルで表す。

　　　　　$\varPsi$ は，通常使用する状態におけるトリムとし，度で表す。

　　　　　Cは，マスト灯の間の水平距離とし，メートルで表す。

14　承　認

　　灯火及び形象物の構造並びに船舶への灯火の設置については，当該船舶の旗国の権限ある当局が十分であると認めるものでなければならない。

付属書Ⅱ　著しく近接して漁ろうに従事している船舶の追加の信号

1　総　則

　　この付属書Ⅱに定める灯火は，規則第26条(d)の規定に基づいて表示する場合には，最も見えやすい場所に設置しなければならない。これらの灯火は，相互に0.9メートル以

lights prescribed in Rule 26(b)(i) and (c)(i). The lights shall be visible all round the horizon at a distance of at least 1 mile but at a lesser distance than the lights prescribed by these Rules for fishing vessels.

2. Signals for trawlers

(a) Vessels of 20 metres or more in length when engaged in trawling, whether using demersal or pelagic gear, shall exhibit:

(i) when shooting their nets:
two white lights in a vertical line;
(ii) when hauling their nets:
one white light over one red light in a vertical line;
(iii) when the net has come fast upon an obstruction:
two red lights in a vertical line.

(b) Each vessel of 20 metres or more in length engaged in pair trawling shall exhibit:

(i) by night, a searchlight directed forward and in the direction of the other vessel of the pair;
(ii) when shooting or hauling their nets or when their nets have come fast upon an obstruction, the lights prescribed in 2 (a) above.

(c) A vessel of less than 20 metres in length engaged in trawling, whether using demersal or pelagic gear or engaged in pair trawling, may exhibit the lights prescribed in paragraphs (a) or (b) of this section, as appropriate.

3. Signals for purse seiners

Vessels engaged in fishing with purse seine gear may exhibit two yellow lights in a vertical line. These lights shall flash alternately every second and with equal light and occultation duration. These lights may be exhibited only when the vessel is hampered by its fishing gear.

Annex III - Technical details of sound signal appliances
1. Whistles

(a) Frequencies and range of audibility

The fundamental frequency of the signal shall lie within the range 70-700 Hz. The range of audibility of the signal from a whistle shall be determined by those frequencies, which may include the fundamental and/or one or more higher frequencies, which lie within the range 180-700 Hz (± 1 per cent) for a vessel of 20 metres or more in length,

上隔てて，同条(b)(i)又は(c)(i)に定める灯火よりも低い位置に設置してはならず，また，少なくとも１海里離れた周囲から視認することができるものであって，かつ，その視認距離が漁ろうに従事している船舶について定められた灯火の視認距離よりも短いものでなければならない。

2　トロール漁船の信号

(a)　トロールにより漁ろうに従事している長さ20メートル以上の船舶は，深海用の漁具を使用しているか遠洋用の漁具を使用しているかを問わず，次の灯火を表示することができる。

(i)　投網を行っている場合には，垂直線上に白色の灯火２個

(ii)　揚網を行っている場合には，垂直線上に，白色の灯火１個及びその下方に紅色の灯火１個

(iii)　網が障害物に絡み付いている場合には，垂直線上に紅色の灯火２個

(b)　二そうびきのトロールにより漁ろうに従事している長さ20メートル以上の船舶は，それぞれ，

(i)　夜間においては，対をなしている他方の船舶の進行方向を示すように探照灯を照射しなければならない。

(ii)　投網若しくは揚網を行っている場合又は網が障害物に絡み付いている場合には，(a)に定める灯火を表示しなければならない。

(c)　深海用の漁具を使用しているか遠洋用の漁具を使用しているかを問わず，トロールにより漁ろうに従事し又は二そうびきのトロールにより漁ろうに従事している長さ20メートル未満の船舶は，(a)又は(b)に定める適当な灯火を表示することができる。

3　きんちゃく網漁船の信号

きんちゃく網を用いて漁ろうに従事している船舶は，垂直線上に黄色の灯火２個を表示することができる。これらの灯火は，１秒ごとに交互にせん光を発するものであって，かつ，それぞれの明間と暗間とが等しいものでなければならない。これらの灯火は，船舶が漁具により操縦性能を制限されている場合以外の場合には，表示してはならない。

付属書Ⅲ　音響信号設備の技術基準
1　汽　笛
(a)　周波数及び可聴距離

信号音の基本周波数は，70ヘルツから700ヘルツまでの範囲内とする，信号音の汽笛からの可聴距離は，180ヘルツから700ヘルツまで（正負１パーセント）の周波数（長さ20メートル未満の船舶については，180ヘルツから2100ヘルツまで（正負１パーセント）の周波数（それぞれ基本周波数又はその倍音を含む。）であって，(c)に定め

or 180-2100 Hz (±1 per cent) for a vessel of less than 20 metres in length and which provide the sound pressure levels specified in paragraph 1(c) below.
(b) Limits of fundamental frequencies
    To ensure a wide variety of whistle characteristics, the fundamental frequency of a whistle shall be between the following limits:
(i) 70-200 Hz, for a vessel 200 metres or more in length;
(ii) 130-350 Hz, for a vessel 75 metres but less than 200 metres in length;

(iii) 250-700 Hz, for a vessel less than 75 metres in length.
(c) Sound signal intensity and range of audibility
    A whistle fitted in a vessel shall be provided, in the direction of maximum intensity of the whistle and at a distance of 1 metre from it, a sound pressure level in at least one 1/3rd-octave band within the range of frequencies 180-700 Hz (±1 per cent) for a vessel of 20 metres or more in length, or 180-2100 Hz (±1 per cent) for a vessel of less than 20 metres in length, of not less than the appropriate figure given in the table below.
    The range of audibility in the table below is for information and is approximately the range at which a whistle may be heard on tits forward axis with 90 per cent probability in conditions of still air on board a vessel having average background noise level at the listening posts (taken to be 68 dB in the octave band centred on 250 Hz and 63 dB in the octave band centred on 500 Hz).
    In practice the range at which a whistle may be heard is extremely variable and depends critically on weather conditions; the values given can be regarded as typical but under conditions of strong wind or high ambient noise level at the listening post the range may be much reduced.

Length of vessel in metres	1/3-octave band level at 1 metre in dB referred to 2 x 10^{-5}N/m^2	Audibility range in nautical miles
200 or more	143	2
75 but less than 200	138	1.5
20 but less than 75	130	1
Less than 20	120[*1]	0.5
	115[*2]	
	111[*3]	

[*1] When the measured frequencies lie within the range 180-450 Hz
[*2] When the measured frequencies lie within the range 450-800 Hz
[*3] When the measured frequencies lie within the range 800-2100 Hz

る音圧を与えるものによって決定しなければならない。

(b)　基本周波数の範囲

　　汽笛音の特性の多様性を確保するため，汽笛音の基本周波数は，次の範囲内のものでなければならない。

(ⅰ)　長さ200メートル以上の船舶の場合には，70ヘルツから200ヘルツまで

(ⅱ)　長さ75メートル以上200メートル未満の船舶の場合には，130ヘルツから350ヘルツまで

(ⅲ)　長さ75メートル未満の船舶の場合には，250ヘルツから700ヘルツまで

(c)　音響信号の音の強さ及び可聴距離

　　船舶に設置される汽笛は，180ヘルツから700ヘルツまで（正負1パーセント）（長さ20メートル未満の船舶については，180ヘルツから2100ヘルツまで（正負1パーセント））の範囲内に中心周波数を有する3分の1オクターブバンドのうちのいずれか一により測定した場合に，信号音の最も強い方向に，かつ，汽笛からの距離が1メートルの位置において，少なくとも次の表に掲げる値の音圧を有しなければならない。

　　下の表に掲げる可聴距離は，参考のためのものである。この可聴距離は，汽笛の前方において，かつ，平均的な暗騒音（250ヘルツを中心周波数とするオクターブバンドの場合には68デシベル及び500ヘルツを中心周波数とするオクターブバンドの場合には63デシベル）を有する他の船舶の聴取場所において，無風状態で90パーセントの確率で聞くことができる距離に概ね相当する。

　　汽笛音の聞こえる距離は，実際上，非常に変化しやすく，かつ，気象状況に強く影響される。この表に掲げる可聴距離の値は，標準値あるが，聴取場所が強風下にあり又はその周辺の騒音が激しい場合には，可聴距離が著しく短くなることがある。

船舶の長さ（メートル）	距離1メートルにおいて3分の1オクターブバンドにより測定した音圧（デシベル（2×10^{-5}N/m^{2}を基準とする。））	可聴距離　（海里）
200以上	143	2
75以上200未満	138	1.5
20以上75未満	130	1
20未満	120[*1]	0.5
	115[*2]	
	111[*3]	

＊1 周波数の測定値が180ヘルツから450ヘルツまでの範囲内である場合

＊2 周波数の測定値が450ヘルツから800ヘルツまでの範囲内である場合

＊3 周波数の測定値が800ヘルツから2100ヘルツまでの範囲内である場合

(d) Directional properties

The sound pressure level of a directional whistle shall be not more than 4 dB below the prescribed sound pressure level on the axis at any direction in the horizontal plane within ± 45 degrees of the axis. The sound pressure level at any other direction in the horizontal plane shall be not more than 10 dB below the prescribed sound pressure level on the axis, so that the range in any direction will be at least half the range on the forward axis. The sound pressure level shall be measured in that 1/3rd-octave band which determines the audibility range.

(e) Positioning of whistles

When a directional whistle is to be used as the only whistle on a vessel, it shall be installed with its maximum intensity directed straight ahead.

A whistle shall be placed as high as practicable on a vessel, in order to reduce interception of the emitted sound by obstructions and also to minimise hearing damage risk to personnel.

The sound pressure level of the vessel's own signal at listening posts shall not exceed 110 dB (A) and so far as practicable should not exceed 100 dB (A).

(f) Fitting of more than one whistle

If whistles are fitted at a distance apart of more than 100 metres, it shall be so arranged that they are not sounded simultaneously.

(g) Combined whistle systems

If due to the presence of obstructions the sound field of a single whistle or of one of the whistles referred to in paragraph 1(f) above is likely to have a zone of greatly reduced signal level, it is recommended that a combined whistle system be fitted so as to overcome this reduction. For the purposes of the Rules a combined whistle system is to be regarded as a single whistle. The whistles of a combined system shall be located at a distance apart of not more than 100 metres and arranged to be sounded simultaneously. The frequency of any one whistle shall differ from those of the others by at least 10 Hz.

2. Bell or gong

(a) Intensity of signal

A bell or gong, or other device having similar sound characteristics shall produce a sound pressure level of not less than 110 dB at a distance of 1 metre from it.

(b) Construction

Bells and gongs shall be made of corrosion-resistant material and designed to give a clear tone. The diameter of the mouth of the bell shall be not less than 300 mm for vessels of 20 metres or more in length. Where practicable, a power-driven bell striker is recommended to ensure constant force but manual operation shall be possible. The mass of the striker shall be not less than 3 per cent of the mass of the bell.

(d)　指向特性

　　指向性を有する汽笛の音の音圧は，軸を含む水平面におけるその軸から左右45度以内のあらゆる方向において，軸方向の音圧よりも４デシベルを超えて減少してはならず，また，軸を含む水平面における他のあらゆる方向において，その汽笛音の可聴距離が軸方向の２分の１未満とならないように軸方向の音圧よりも10デシベルを超えて減少してはならない。その音圧は，可聴距離を決定する３分の１オクターブバンドによって測定しなければならない。

(e)　汽笛の位置

　　指向性を有する汽笛は，船舶において唯一の汽笛として用いられる場合には，正船首方向の音圧が最も強くなるように設置しなければならない。

　　汽笛は，発せられた音が障害物によって妨害されないように，また，乗組員の聴覚の障害のおそれがないように実行可能な限り高く設置しなければならない。

　　自船の信号音の音圧は，その聴取場所において，110デシベル(A)を超えてはならず，また，実行可能な限り100デシベル(A)を超えないようにしなければならない。

(f)　２つ以上の汽笛の設置

　　一の汽笛が他の汽笛から100メートルを超える距離に設置されている場合には，これらが同時に吹鳴を発しないようにしておかなければならない。

(g)　複合汽笛装置

　　障害物の存在のため，一の汽笛又は(f)に規定する汽笛のうちいずれか一の汽笛の音の音圧が大幅に減少する区域が生ずるおそれのある場合には，音圧の減少を避けるために複合汽笛装置を設置することが勧奨される。規則の適用上，複合汽笛装置は，単一の汽笛とみなす。複合汽笛装置の汽笛は，これらの汽笛の間の距離を100メートル以下として，かつ，同時に音響を発するように設置しなければならない。

　　複合汽笛装置の一の汽笛の音の周波数と他の汽笛の音の周波数との差は，10ヘルツ以上でなければならない。

2　号鐘又はどら

(a)　信号音の強さ

　　号鐘若しくはどら又はこれらと同様の音響特性を有するその他の設備は，１メートル離れた位置で測定した場合において，110デシベル以上の音圧の音を発するものでなければならない。

(b)　構　造

　　号鐘及びどらは，耐食性の材料を用い，かつ，澄んだ音色を発するように設計されたものでなければならない。号鐘の呼び径は，長さ20メートル以上の船舶の場合には，300ミリメートル以上でなければならない。動力式の号鐘の打子は，実行可能な場合には，一定の力で打つことができるものであることが勧奨されるが，手動操作が可能なものでなければならない。号鐘の打子の質量は，号鐘の質量の３パーセント以上で

3. Approval

The construction of sound signal appliances, their performance and their installation on board the vessel shall be to the satisfaction of the appropriate authority of the State whose flag the vessel is entitled to fly.

Annex IV – Distress signals

1 The following signals, used or exhibited either together or separately, indicate distress and need of assistance:

(a) a gun or other explosive signal fired at intervals of about a minute;

(b) a continuous sounding with any fog-signalling apparatus;

(c) rockets or shells, throwing red stars fired one at a time at short intervals;

(d) a signal made by radiotelegraphy or by any other signalling method consisting of the group ··· − − − ··· (SOS) in the Morse Code;

(e) a signal sent by radiotelephony consisting of the spoken word "Mayday";

(f) the International Code Signal of distress indicated by NC;

(g) a signal consisting of a square flag having above or below it a ball or anything resembling a ball;

(h) flames on the vessel (as from a burning tar barrel, oil barrel, etc.);

(i) a rocket parachute flare or a hand flare showing a red light;

(j) a smoke signal giving off orange-coloured smoke;

(k) slowly and repeatedly raising and lowering arms outstretched to each side;

(l) a distress alert by means of digital selective calling (DSC) transmitted on:

  (a) VHF channel 70, or

  (b) MF/HF on the frequencies 2187.5 kHz, 8414.5 kHz, 4207.5 kHz, 6312 kHz, 12577 kHz or 16804.5 kHz;

(m) a ship-to-shore distress alert transmitted by the ship's INMARSAT or other mobile satellite service provider ship earth station;

(n) signals transmitted by emergency position-indicating radio beacons;

(o) approved signals transmitted by radiocommunication systems, including survival craft radar transponders.

2 The use or exhibition of any of the foregoing signals except for the purpose of indicating distress and need of assistance and the use of other signals which may be confused with any of the above signals is prohibited.

3 Attention is drawn to the relevant sections of the International Code of Signals, the International Aeronautical and Maritime Search and Rescue Manual, Volume III and the following signals:

なければならない。

3　承　認
　音響信号設備の構造，性能及び船舶への設置については，当該船舶の旗国の権限のある当局が十分であると認めるものでなければならない。

付属書Ⅳ　遭難信号
1　次の信号は，同時に又は個別に使用し又は表示することにより，遭難して救助を必要とすることを示すものとする。
　(a)　約１分間の間隔で行う１回の発砲その他の爆発による信号
　(b)　霧中信号器による連続音響の信号
　(c)　短時間の間隔で発射され，赤色の星火を発するロケット又はりゅう弾による信号
　(d)　無線電信その他の信号方法によるモールス符号の「…———…」(SOS) の信号

　(e)　無線電話による「メーデー」という語の信号
　(f)　国際信号書に規定する「N」旗及び「C」旗によって示される遭難信号
　(g)　方形旗であって，その上方又は下方に球又はこれに類似するものが１個付いたものの信号
　(h)　船舶上の火炎（タールおけ，油たる等の燃焼によるもの）による信号
　(i)　落下さんの付いた赤色の炎火ロケット又は赤色の手持炎火による信号
　(j)　オレンジ色の煙を発する発煙信号
　(k)　左右に伸ばした腕を繰り返しゆっくり上下させる信号
　(l)　デジタル選択呼出し(DSC)を用いて次に定めるところにより送信される遭難信号
　　　(a)　VHF 第70チャンネル
　　　(b)　MF 又は HF 周波数2187.5キロヘルツ，8414.5キロヘルツ，4207.5キロヘルツ，6312キロヘルツ，12577キロヘルツ又は16804.5キロヘルツ
　(m)　船舶インマルサット又は他の移動衛星通信業務提供者のサービスを利用する船舶地球局によって送信される船舶から陸上への遭難信号
　(n)　非常用の位置指示無線標識による信号
　(o)　無線通信システム（救命用の端艇及びいかだ用のレーダートランスポンダーを含む。）による信号であって，承認されたもの。
2　遭難して救助を必要とすることを示す目的以外の目的に１の信号を使用し又は表示すること及びこの信号と混同されることがある他の信号を使用することは，禁止される。
3　国際信号書の関連事項，国際航空及び海上捜索救助マニュアル第Ⅲ巻及び次の信号に注意が払われるものとする。

(a) a piece of orange-coloured canvas with either a black square and circle or other appropriate symbol (for identification from the air);

(b) a dye marker.

(a)　空からの識別のために，黒色の方形及び円又は他の適当な表象のいずれかを施したオレンジ色の帆布

(b)　染料標識

〚著者略歴〛

藤本昌志　ふじもとしょうじ

1991年　神戸商船大学卒業
　　　　　日本郵船株式会社 入社
1996年　運輸省航海訓練所 出向
1997年　日本郵船株式会社 復帰
1999年　神戸商船大学商船学部 助手
2003年　神戸大学海事科学部 助手
2005年　独立行政法人航海訓練所 入所
2006年　国立大学法人神戸大学海事科学部 助教授
2007年　国立大学法人神戸大学大学院海事科学研究科 准教授
2019年　国立大学法人神戸大学海洋教育研究基盤センター 准教授

　　博士（法学），一級海技士（航海）

図解 海上衝突予防法（11訂版）　定価はカバーに表示してあります。

1978年 3月28日　初版発行
2022年 1月28日　11訂再版発行

著　者　藤　本　昌　志
発行者　小　川　典　子
印　刷　三和印刷株式会社
製　本　東京美術紙工協業組合

発行所 株式会社 成山堂書店

〒160-0012　東京都新宿区南元町4番51　成山堂ビル
TEL：03(3357)5861　　FAX：03(3357)5867
URL　http://www.seizando.co.jp
　落丁・乱丁本はお取り換えいたしますので，小社営業チーム宛にお送りください。

❖辞　典・外国語❖

✛辞　典✛

英和海事大辞典（新装版）	逆井編	16,000円
和英 英和船舶用語辞典	東京商船大辞典編集委員会 編	5,000円
英和海洋航海用語辞典（2訂増補版）	四之宮編	3,600円
英和 和英機関用語辞典	升田編	3,200円
図解 船舶・荷役の基礎用語（6訂版）	宮本編著	3,800円
海に由来する英語事典	飯島・丹羽共訳	6,400円
船舶安全法関係用語事典（第2版）	上村編著	7,800円
最新ダイビング用語事典	日本水中科学協会編	5,400円

✛外国語✛

新版英和対訳IMO標準海事通信用語集	海事局修	4,600円
英文 和文新しい航海日誌の書き方	四之宮著	1,800円
発音カナ付英文・和文新しい機関日誌の書き方（新訂版）	斎竹著	1,600円
実用英文機関日誌記載要領	岸本・大橋共著	2,000円
航海英語のABC	平田著	1,800円
船員実務英会話	日本郵船海務部編	1,600円
復刻版海の英語 ―イギリス海事用語根源―	佐波著	8,000円
海の物語（改訂増補版）	商船高専英語研究会編	1,600円
機関英語のベスト解釈	西野著	1,800円
海の英語に強くなる本 ―海技試験を徹底攻略―	桑田著	1,600円

❖法令集・法令解説❖

✛法　令✛

海事法令シリーズ①海運六法	海事局監修	16,500円
海事法令シリーズ②船舶六法	海事局監修	40,000円
海事法令シリーズ③船員六法	海事局監修	32,000円
海事法令シリーズ④海上保安六法	保安庁監修	17,500円
海事法令シリーズ⑤港湾六法	港湾局監修	16,000円
海技試験六法	海技・振興課監修	4,800円
実用海事六法	国土交通省	30,000円
安全法シリーズ①最新船舶安全法及び関係法令	安全基準課監修	9,800円
最新小型船舶安全関係法令	安基課・測度課監修	6,400円
加除式危険物船舶運送及び貯蔵規則並びに関係告示（加除済み台本）	海事局船員政策課	27,000円
最新船員法及び関係法令	船員政策課監修	5,800円
最新船舶職員及び小型船舶操縦者法関係法令	海技・振興監修	6,200円
最新海上交通三法及び関係法令	保安庁監修	4,600円
最新海洋汚染等及び海上災害の防止に関する法律及び関係法令	総合政策局監修	9,800円
最新水先法及び関係法令	海事局監修	3,600円
船舶からの大気汚染防止関係法令及び関係条約	安全基準課監修	4,600円
最新港湾運送事業法及び関係法令	港湾経済課監修	4,500円
英和対訳 2018年STCW条約［正訳］	海事局監修	25,000円
英和対訳国連海洋法条約［正訳］	外務省海洋課監修	8,000円
英和対訳2006年ILO海上労働条約［正訳］	海事局監修	5,000円
船舶油濁損害賠償保障関係法令・条約集	日本海事センター編	6,600円

✛法令解説✛

シップリサイクル条約の解説と実際	大坪他著	4,800円
概説 海事法規（2訂版）	神戸大学編著	5,400円
海上交通三法の解説（改訂版）	巻幡・有山共著	4,400円
四・五・六級海事法規読本（2訂版）	及川著	3,300円
ISMコードの解説と検査の実際 ―国際安全管理規則がよくわかる本―（3訂版）	検査測度課監修	7,600円
運輸安全マネジメント制度の解説	木下著	4,000円
船舶検査受検マニュアル（増補改訂版）	海事局監修	8,000円
船舶安全法の解説（5訂版）	有馬編	5,400円
国際船舶・港湾保安法及び関係法令	政策審議官監修	4,000円
図解 海上交通安全法（9訂版）	藤本著	3,000円
海上交通安全法100問100答（2訂版）	保安庁監修	3,400円
図解 港則法（2訂版）	國枝・竹本著	3,200円
図解 海上衝突予防法（11訂版）	藤本著	3,200円
海上衝突予防法100問100答（2訂版）	保安庁監修	2,400円
逐条解説 海上衝突予防法	河口著	9,000円
港則法100問100答（3訂版）	保安庁監修	2,200円
海洋法と船舶の通航（改訂版）	日本海事センター編	2,600円
船舶衝突の裁決例と解説	小川著	6,400円
内航486
内航船員用海洋汚染・海上災害防止の手びき ―未来に残そう美しい海―	日海防編	3,000円
海難審判裁決評釈集	21海事総合事務所編	4,600円
1972年国際海上衝突予防規則の解説（第7版）	松井・赤地・久古共訳	6,000円
新編 漁業法詳解（増補5訂版）	金田著	9,900円